U0204389

中华传统食材丛书

总主编　魏兆军　陈寿宏

家畜卷

主　编　李　玲

编　委　朱云扬　胡龙腾

合肥工业大学出版社

图书在版编目（CIP）数据

中华传统食材丛书.家畜卷/李玲主编.—合肥：合肥工业大学出版社，2022.8
ISBN 978-7-5650-5289-7

Ⅰ.①中…　Ⅱ.①李…　Ⅲ.①烹饪—原料—介绍—中国　Ⅳ.①TS972.111

中国版本图书馆CIP数据核字（2022）第157772号

中华传统食材丛书·家畜卷

ZHONGHUA CHUANTONG SHICAI CONGSHU JIACHU JUAN

李　玲　主编

项目负责人	王　磊　陆向军
责任编辑	郭　敬
责任印制	程玉平　张　芹
出　　版	合肥工业大学出版社
地　　址	（230009）合肥市屯溪路193号
网　　址	www.hfutpress.com.cn
电　　话	理工图书出版中心：0551-62903004 营销与储运管理中心：0551-62903198
开　　本	710毫米×1010毫米　1/16
印　　张	9.25　**字　数**　128千字
版　　次	2022年8月第1版
印　　次	2022年8月第1次印刷
印　　刷	安徽联众印刷有限公司
发　　行	全国新华书店
书　　号	ISBN 978-7-5650-5289-7
定　　价	82.00元

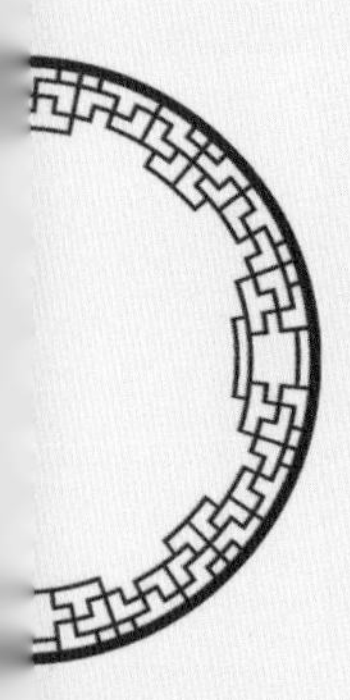

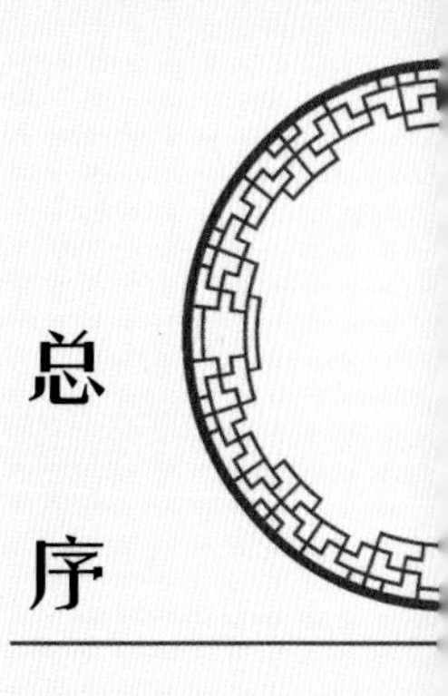

总序

健康是促进人类全面发展的必然要求，《“健康中国2030”规划纲要》中提出，实现国民健康长寿，是国家富强、民族振兴的重要标志，也是全国各族人民的共同愿望。世界卫生组织（WHO）评估表明膳食营养因素对健康的作用大于医疗因素。“民以食为天”，当前，为了满足人民日益增长的美好生活的需求，对食品的美味、营养、健康、方便提出了更高的要求。

中国传统饮食文化博大精深。从上古时期的充饥果腹，到如今的五味调和；从简单的填塞入口，到复杂的品味尝鲜；从简陋的捧土为皿，到精美的餐具食器；从烟火街巷的夜市小吃，到钟鸣鼎食的珍馐奇馔；从“下火上水即为烹饪”，到“拌、腌、卤、炒、熘、烧、焖、蒸、烤、煎、炸、炖、煮、煲、烩”十五种技法以及“鲁、川、粤、徽、浙、闽、苏、湘”八大菜系的选材、配方和技艺，在浩渺的时空中穿梭、演变、再生，形成了绵长而丰富的中华传统饮食文化。中华传统食品既要传承又要创新，在传承的基础上创新，在创新的基础上发展，实现未来食品的多元化和可持续发展。

中华传统饮食文化体现了“大食物观”的核心——食材多元化，肉、蛋、禽、奶、鱼、菜、果、菌、茶等是食物；酒也是食物。中国人讲究“靠山吃山、靠海吃海”，这不仅是一种因地制宜的变通，更是顺应自然的中国式生存之道。中华大地幅员辽阔、地大物博，拥有世界上最多样的地理环境，高原、山林、湖泊、海岸，这种巨大的地理跨度形成了丰富的物种库，潜在食物资源位居世界前列。

“中华传统食材丛书”定位科普性，注重中华传统食材的科学性和文化性。丛书共分为30卷，分别为《药食同源卷》《主粮卷》《杂粮卷》《油脂卷》《蔬菜卷》《野菜卷（上册）》《野菜卷（下册）》《瓜茄卷》《豆荚芽菜卷》《籽实卷》《热带水果卷》《温寒带水果卷》《野果卷》《干坚果卷》《菌藻卷》《参草卷》《滋补卷》《花卉卷》《蛋乳卷》《海洋鱼卷》《淡水鱼卷》《虾蟹卷》《软体动物卷》《昆虫卷》《家禽卷》《家畜卷》《茶叶卷》《酒品卷》《调味品卷》《传统食品添加剂卷》。丛书共收录了食材类目944种，历代食材相关诗歌、谚语、民谣900多首，传说故事或延伸阅读900余则，相关图片近3000幅。丛书的编者团队汇聚了来自食品科学、营养学、中药学、动物学、植物学、农学、文学等多个学科的学者专家。每种食材从物种本源、营养及成分、食材功能、烹饪与加工、食用注意、传说故事或延伸阅读等诸多方面进行介绍。编者团队耗时多年，参阅大量经、史、医书、药典、农书、文学作品等，记录了大量尚未见经传、流散于民间的诗歌、谚语、歌谣、楹联、传说故事等。丛书在文献资料整理、文化创作等方面具有高度的创新性、思想性和学术性，并具有重要的社会价值、文化价值、科学价

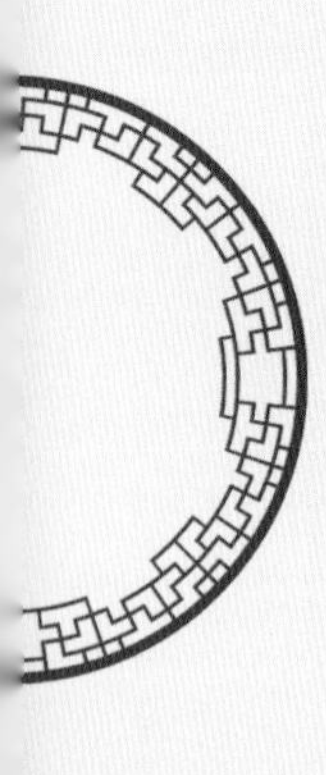

值和出版价值。

对中华传统食材的传承和创新是该丛书的重要特点。一方面，丛书对中国传统食材及文化进行了系统、全面、细致的收集、总结和宣传；另一方面，在传承的基础上，注重食材的营养、加工等方面的科学知识的宣传。相信“中华传统食材丛书”的出版发行，将对实现“健康中国”的战略目标具有重要的推动作用；为实现“大食物观”的多元化食材和扩展食物来源提供参考；同时，也必将进一步坚定中华民族的文化自信，推动社会主义文化的繁荣兴盛。

人间烟火气，最抚凡人心。开卷有益，让米面粮油、畜禽肉蛋、陆海水产、蔬菜瓜果、花卉菌藻携豆乳、茶酒醋调等中华传统食材一起来保障人民的健康！

中国工程院院士

2022年8月

序

民以食为天，食物的营养与人的生长发育、衰老、死亡具有密切的关系，是人体正常生活所必需的。食物来源较多，如植物、动物、真菌或发酵的产品等，主要种类为蔬菜、水果和肉类等。其中，肉类含有水、蛋白质、脂肪、碳水化合物、矿物质、维生素等营养成分，除了能让人饱肚、解馋，还具有促进人体生长发育、提高抵抗力、益智健脑和预防一些疾病等功效。人类最早的肉类食物来源是狩猎，为了保证一定的肉类食物来源和安稳的生活，很久以前人们便开始饲养、驯化野生动物，通过不断优化动物品种，逐渐形成各种可以人为控制其繁殖的动物品种，将其称为家畜，从而满足人们对肉类的需求。

我国幅员辽阔，东西相距5000多公里，南北间隔5500多公里，总面积为960多万平方公里。地形和气候条件极为复杂，西部及北部高原地区分别以高寒、干旱为特点，形成了不同类型的天然草地，构成我国牧区家畜的客观环境；东部与南部地区以温暖、湿润为特点，土地肥沃，农业发达，构成我国农区家畜的客观环境。家畜品种的形成除受遗传因素的决定性作用之外，还受生态条件和人们选择和培育的影响。在这些因素的综合作用下，我国逐渐形成了各种具有不同遗传特点，体形、外貌和生产性能各异的家畜品种。我国的家畜主要有猪、马、牛、羊、兔、骆驼等，每种中又有很多品种，如目前我国列入《国家畜禽遗传资源品种名录（2021年版）》的猪品种有100多个，其中地方品种有80多个。

不同肉类具有不同的营养成分和功效，要使用不同的烹饪和加工方法。为了普及我国传统家畜知识，方便广大人民群众识别不同家畜，学习各种家畜营养知识和烹饪加工方法，正确选择和食用各种肉类，促进健康、预防疾病，我们特编写了中华传统食材丛书《家畜卷》，收录了我国常见的家畜品种，从物种本源、营养及成分、食材功能、烹饪与加工、食用注意等方面进行表述，使其既有学术性、资料性、知识性的价值，又具备实用性、艺术性、趣味性和鉴赏性的特色，让读者对传统家畜有更全面的了解。

本人有幸参与到中华传统食材丛书《家畜卷》的编写工作之中，感谢陈寿宏先生及魏兆军先生之邀，同时感谢本卷的参编者、合肥工业大学出版社及国家出版基金的大力支持。本书借鉴了相关文献、图片等，在此向原作者表示诚挚的感谢！

北京食品科学研究院孙勇研究员审阅了本书，并提出宝贵的修改意见，在此表示衷心的感谢。

在本卷编写过程中，编委会曾多次修改相关内容，力求使内容更加完善。由于本卷涉及的学科多、范围广，难免会出现一些疏漏和不足之处，恳请广大读者批评指正，以便及时修正。

李　玲

2022年8月于合肥

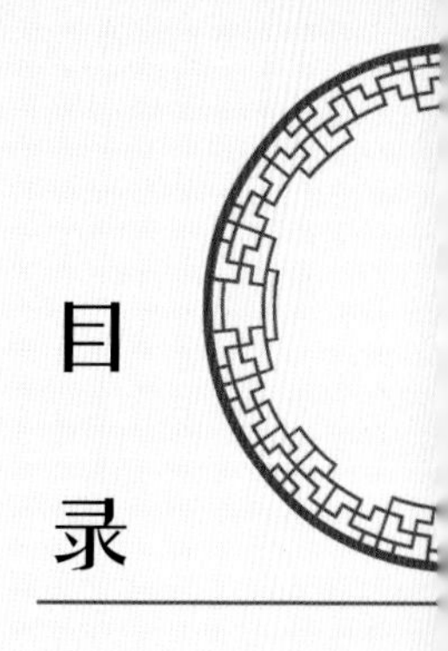

目录

家猪

洗净铛，少著水，柴头罨烟焰不起。
待他自熟莫催他，火候足时他自美。
黄州好猪肉，价贱如泥土。
贵者不肯吃，贫者不解煮，
早晨起来打两碗，饱得自家君莫管。

——《猪肉颂》（北宋）苏轼

一、物种本源

种属名

家猪是一种偶蹄目、猪科、猪属的驯养家畜，又名“印忠”“汤盎”，古称“豕”“豨”或“刚鬣”，是分布于欧亚大陆的野猪被人类驯化后所形成的一个亚种，家猪是一种圈养猪。

形态特征

家猪体型较大，全身被毛主要有黑色或白色，少数品种有酱红色或黑白花色。家猪头较大，长嘴巴形成较长的猪鼻，嗅觉极灵敏，犬齿发达。其肌肉丰满结实，四肢短小，每足有四个脚趾，中间两个脚趾较大。

习性，生长环境

家猪在世界范围内分布较广，但受宗教信仰和饮食文化等诸多因素的影响，养猪业在全球的经济分布和发展上具有明显的地域性。一些国家，如土耳其和叙利亚，生猪的屠宰存栏量极低，土耳其生猪的屠宰存栏量几乎为零。亚洲养猪业遥遥领先于其他各洲。家猪对自然地理、气候等条件的适应性强，在我国大部分地区均有饲养，猪种主要分为华北猪和华南猪两大类。

二、营养及成分

家猪身体的大部分均可被人类食用，其内脏、尾、蹄、血等均是良好食材。每100克家猪肉的部分营养成分见下表所列。

粗脂肪	28克
粗蛋白	17克

碳水化合物	2克
钾	188毫克
磷	142毫克
胆固醇	79毫克
钠	76.8毫克
钙	34毫克
镁	12毫克
维生素B_5	2.6毫克
锌	1.8毫克
铁	1毫克
维生素E	0.5毫克
维生素B_1	0.4毫克
维生素B_2	0.2毫克
铜	0.2毫克

三、食材功能

性味 味甘、咸，性平。

归经 归脾、胃、肾经。

功能

（1）改善贫血。铁是人体合成血红蛋白不可缺少的元素，家猪肉含有丰富的铁元素，还含有半胱氨酸和血红素，半胱氨酸能促进人体吸收铁元素，因此家猪肉具有补血、改善气色的功效。

家猪肉

（2）家猪肉是维生素的主要膳食来源，特别是精肉中维生素B族含量丰富，对预防脚气病、多发性神经炎、厌食等疾病有一定的疗效。

四、烹饪与加工

猪肉的烹饪方法多样。从猪肉的营养和保健角度来说，炖、煮、蒸的烹饪方法较健康，能够有效降低猪肉中脂肪和胆固醇的含量，使烹饪熟的猪肉富有营养、易消化。炸和烤两种烹饪方法不推荐，因为炸、烤会使猪肉生成具有致癌作用的有毒物质苯并芘等。

夏枯草煲猪肉

（1）材料：猪肉（瘦）100克、夏枯草20克、植物油、葱、姜、盐、料酒、白砂糖、味精等。

（2）做法：猪肉洗净切薄片备用。将夏枯草洗净切段放入锅内，加水，用文火熬至浓稠，盛出备用。锅内放入植物油，烧热后放入肉片煸炒至变色时加入料酒、盐、姜、葱、白砂糖，继续炒至八成熟，放入熬制好的夏枯草汁液与适量的水，煮至肉软烂后，加味精等调料即可。

红烧肉

红烧肉

（1）材料：五花肉、植物油、盐、冰糖、老抽、生抽、葱、姜、香叶、八角、花椒、桂皮、红枣、料酒等。

（2）做法：将五花肉洗净放入沸水中汆一下，取出并用适量的冷水再次冲洗，冷凉后切厚块，再次放入开水中汆一下，捞出沥干全部水分。锅中放油，放入花椒、桂皮、香叶和八角，小火炒出佐料的香味后加入五花肉一起煸炒，炒至两面微黄；放入冰糖、老抽、生抽、盐后再翻炒均匀，让五花肉均匀上色。加入热开水没过全部的材料，再依次加入姜片、料酒和适量红枣，开锅盖用大火煮开，后转小火炖煮1小时左右，再转大火开始收汁；边用大火收汁边翻炒，继续炖煮直到酱汁浓稠，且每块五花肉都均匀包裹着酱汁并均匀上色即可。

回锅肉

（1）材料：五花肉、姜、料酒、植物油、花椒、青红椒、蒜苗、豆豉、豆瓣酱、盐、白砂糖、生抽等。

（2）做法：将五花肉洗净放入冷水锅，加入少许姜片和适量料酒，用大火将水烧开后转中火，煮30分钟左右，用一根筷子轻轻戳进肉中能看到肉被扎透，且无血水流出即可，煮好后关火。将肉捞出晾凉，切成长方形的薄片待用。向炒锅中倒油并用大火烧热，将晾凉的肉片下锅，翻炒至肉片卷曲、肥肉透明后盛出即可。油留锅内，倒入少许花椒、豆豉、豆瓣酱翻炒出香味，再将肉倒入锅内，同时在炒锅中倒入青红椒、蒜苗、料酒、盐、白砂糖、生抽，翻炒均匀盛出即可。

火腿肠

原料肉的选择与处理→绞肉（绞碎过程中肉的温度不能高于10℃）→加调料搅拌（搅拌温度低于10℃）→腌制（放在0~4℃、相对湿度为85%~90%的腌制间腌制24小时）→斩拌（加入淀粉、蛋白等，斩拌温度不能高于10℃）→灌装（用连续真空灌肠机灌装，肠衣膜为聚偏二氯乙烯，灌后用铝线结

火腿肠

扎）→蒸煮杀菌（灌装好的火腿肠要在120℃左右条件下进行蒸煮杀菌30分钟）。

五、食用注意

（1）没有完全去除或切除甲状腺、肾上腺和淋巴结的猪肉不能食用。因为甲状腺细胞中的甲状腺素或肾上腺细胞中的激素会干扰人体正常的内分泌，导致人体有可能出现恶心、呕吐、抽搐、心悸等症状，病变的淋巴结也可导致食用者发生急性中毒。

（2）炼油后的猪油渣不能食用或应少食用。因为经高温炼油后，猪肉中会生成致癌性较强的物质——苯并芘。

乾隆与江苏宿迁猪头肉

相传，乾隆皇帝一生曾六次下江南，其中有五次留宿在宿迁。一次，乾隆皇帝到宿迁时，没有惊动当地的官员，而只是和几个贴身侍卫乔装打扮到宿迁城里明察暗访。乾隆一行在城里溜达闲逛，不知不觉就到了晌午，这时感觉肚子有点饿了。于是他们来到宿迁的东大街，只觉得随着轻风飘来一阵阵香味，顺着香味一路寻去，只见在不远处有一家卖猪头肉的小酒馆。在宫里吃惯了山珍海味的乾隆皇帝，一看卖的是猪头肉，简直不敢相信猪头肉会有这么香。他将信将疑地要了一份猪头肉，品尝后才知此店的猪头肉真的不错，当时他就击桌赞叹道："好吃，好吃，真乃好菜！"随之吩咐侍卫叫来店家，问道："姓甚名谁？"店家答道："客官，小人姓黄名三，人称黄狗。"乾隆大笑，说："黄狗，好难听的名字，不过你黄狗的猪头肉倒是好吃。"待乾隆皇帝走后，黄三才听人说起刚才称赞他猪头肉好吃的客官乃当今圣上，于是精明的黄三喜不自禁，忙把乾隆爷吃剩的那碗肉汤留了下来，以陈兑新，并把酒馆的招牌改成"黄狗猪头肉馆"。黄狗猪头肉馆从此名声大振，生意兴隆，世代相传。

民猪

长弓短度箭，蜀马临阶骗。
去贼七百里，隈墙独自战。
忽然逢著贼，骑猪向南趣。

——《嘲武懿宗》
（唐）张元一

一、物种本源

种属名

民猪为偶蹄目、猪科、猪属驯养家畜。民猪是中国的地方品种猪，为华北猪种，是我国东北地区的古老地方品种，原名东北民猪，现称为民猪。

形态特征

最早的民猪分大民猪、二民猪和荷包猪，即大、中、小三种类型，现在大民猪和荷包猪已不多见，二民猪在吉林、黑龙江等地得到了保护和利用。二民猪全身被毛为黑色，因在冬季会密生较多绒毛，所以民猪的抗寒性较强，在东北的冬季可于室外正常活动，在简易猪舍中能够安全产仔和越冬。其体格强壮，四肢粗壮，头为中等大小，面较直且长，耳朵大而下垂，额头有褶皱。其肩部和胸部发达，后躯略倾斜而窄，背腰比较平，后腿略微弯曲。民猪在世界八大优质地方猪品种中排行第四。民猪肉外观好，肉色鲜红，表面光泽性好，油脂多，渗水少；肉质坚实，大理石纹分布明显、均匀。因为其肌细胞细软，结缔组织少，口感细腻多汁，同时香味浓郁，这是大多数猪种肉质都达不到的，所以民猪肉可谓色、香、味俱全。

习性，生长环境

民猪是山东的中型华北黑猪和河北的小型华北黑猪被带到东北地区，经长期驯化、选择而形成的。民猪原产于东北和华北部分地区，主要分布于我国东北三省、河北和内蒙古等地。产区内年平均气温低，使其具有耐寒性强的典型特征。研究还表明民猪比其他猪种更强壮，具有很强的抗病能力，因此在养殖过程中民猪极少生病，不需用药和激素，其肉无药物残留，属于绿色、安全、肉香味美的优质肉类，广受消费者

的青睐。此外民猪性成熟早、繁殖性好，产仔多。

二、营养及成分

民猪肉瘦肉率高，肌肉pH为6.55，肌蛋白含量高，含有多种脂肪酸和氨基酸。每100克民猪肉的主要营养成分见下表所列。

干物质	26.8克
粗蛋白	21.4克
粗脂肪	5.1克
总不饱和脂肪酸	2.9克
总饱和脂肪酸	2.2克
油酸	2.3克
软脂酸	1.6克
硬脂酸	0.6克
亚油酸	0.4克
豆蔻酸	0.1克
缬氨酸	33.1毫克
牛磺酸	29.4毫克
异亮氨酸	16.8毫克
苏氨酸	15.7毫克
丙氨酸	15.4毫克
蛋氨酸	13.6毫克
甘氨酸	7.1毫克
苯丙氨酸	5.1毫克
亮氨酸	2.8毫克
精氨酸	2.8毫克
脯氨酸	2.7毫克

氨基酸	含量
丝氨酸	2.5毫克
谷氨酸	2.5毫克
赖氨酸	2.3毫克
半胱氨酸	1.8毫克
酪氨酸	1.3毫克
组氨酸	0.7毫克

三、食材功能

性味 味甘、咸，性平。

归经 归脾、胃、肾经。

功能

（1）促进发育。民猪肉中的蛋白质含量较高，富含多种人体必需氨基酸，且氨基酸比值与人体所需的比值相似，属于优质蛋白质，食用后能促进人体的生长发育。

（2）保肝护脏，增强免疫力，延缓衰老。民猪肉中的不饱和脂肪酸含量高，特别是所含的亚麻酸能起到保护肝脏、增强人体免疫力的作用，同时还可以改善人体内超氧化物歧化酶的活性，抑制丙二醛的生成，从而延缓机体衰老和细胞老化。

四、烹饪与加工

糖醋里脊

（1）材料：猪里脊肉、低筋面粉、淀粉、鸡蛋、植物油、盐、白砂糖、姜、葱、醋、料酒、高汤、香油等。

（2）做法：先将猪里脊肉洗净切成条状，放入适量的鸡蛋液中，再在碗内加入少量的水、淀粉和低筋面粉后，将其抓匀。在碗内放入葱、姜末，料酒、白砂糖、醋、盐、淀粉后加入高汤兑成均匀的芡汁；锅内放入植物油，烧至五成热，下入里脊肉片，炸至焦脆，捞出沥干底油。在炒锅内留底油，倒入用高汤兑成的芡汁后倒入炸好的里脊肉片，炒匀，淋入适量香油调味即可。

糖醋里脊

腌制香肠

选择原料肉（以腿肉和臀肉最好，肥肉选择背部的皮下脂肪）→按要求切成小方块→腌制（可采用以下腌制方法：湿腌法、干腌法、热腌

腌制香肠

法或干湿混腌法）→将腌制好的肉块绞碎，进行斩拌和搅拌→拌馅→填充、结扎（将肉馅灌入肠衣中结扎）→发酵（自然发酵或用发酵剂发酵）→晒干→包装。

五、食用注意

不能立即煮食刚被屠宰的猪的肉。因为猪刚被屠宰，其肉坚硬、干燥，没有自然的芬芳香气，且不易煮烂和被人体消化，所以需要将猪肉放置1~2天后使其进入成熟阶段，才能够食用。

留一只小猪作为本钱

有个地方的风俗是夫妻在新婚之夜不能讲话。

甲要结婚了，村里的一位老人对他说：“我养了一窝小猪，如果你今晚逗得新娘子说话，讲一句，我就送你一只。”

入洞房后，甲故意把被子横盖着，对新娘子说：“这床被子宽是宽，就是短了些。”新娘子忍不住笑了，说：“你把被子盖横了。”

甲高兴地大喊：“好，一只小猪!”

“什么？什么一只小猪?”新娘子莫名其妙地问他。

新娘子这么一问，甲更乐了，大喊道：“两只!”

“什么两只?”

甲喊得更响了：“三只!”

这可急坏了在外偷听的老人，他赶紧敲着窗户喊道：“不要逗她了，我还要留一只作为本钱呢!”

黑猪

开岁大雪如飞鸥，转盼已见平檐沟。
村深出门风裂面，况复取醉湖边楼。
从来春雪不耐久，卧听点滴无时休。
去年久旱绵千里，犁不入土蝗虫稠。
今年冬春足膏泽，天意似欲滋农畴。
岂惟养猪大作社，更卖宝剑添耕牛。

——《开岁连日大雪》（南宋）陆游

一、物种本源

种属名

黑猪，为偶蹄目、猪科、猪属驯养家畜。

形态特征

黑猪在我国已有近5000年的驯养史，黑猪生长速度慢，体重比其他猪种偏低，一年生黑猪约72.5千克。黑猪被毛为黑色，四肢强壮，结构匀称，背腰平直，腹大而不拖地。黑猪头型略长，耳朵大小中等，皮肤略紧，褶皱少，额部有两道明显的横行深皱，似眼眉，因此也被称为“二眉猪”。黑猪胴体瘦肉率高，可达45%。黑猪肉外观好，大理石纹较明显，色泽鲜红，脂肪品质好，色白有光泽，晶莹剔透。黑猪肉口感佳，因为其肌细胞数少且细，故肉质细嫩多汁，香而不腻。

习性，生长环境

黑猪品种较多，分布范围较广，不同品种的黑猪生长环境不同，习性不同。目前我国常见的黑猪品种有莱芜黑猪、皖南黑猪、湘西黑猪等。莱芜属温带季风性气候，寒暑温差大，这使得莱芜黑猪具有独特的外貌特征和生长特性，其皮较厚、毛浓密，冬季密生绒毛，体质结实，四肢粗壮，抗寒性强，具有觅食能力强的特性。皖南地区位于安徽省南部，属亚热带季风气候，雨量充足，年平均气温为15℃左右，皖南黑猪适应当地的潮湿环境，抗逆性和抗病力强，繁殖力高，性情温驯。

二、营养及成分

黑猪肉属于高蛋白、低脂肪、低胆固醇优质肉类。每100克黑猪肉的主要营养成分见下表所列。

干物质	37.8克
粗蛋白	19.1克
粗脂肪	5.2克
谷氨酸	3克
赖氨酸	2.3克
天冬氨酸	1.8克
胱氨酸	1.8克
亮氨酸	1.6克
苯丙氨酸	1.3克
丙氨酸	1.2克
精氨酸	1.2克
脯氨酸	1.2克
苏氨酸	0.9克
甘氨酸	0.9克
组氨酸	0.9克
异亮氨酸	0.8克
丝氨酸	0.7克
酪氨酸	0.6克
蛋氨酸	0.6克
缬氨酸	0.3克
钙	0.3克
镁	240毫克
磷	174毫克
锌	66毫克
铁	4.4毫克
硒	0.1毫克
维生素E	0.1毫克

三、食材功能

性味 味甘、咸，性平。

归经 归脾、胃、肾经。

功能

黑猪除具有家猪的现代营养学功能外，还具有以下功能。

（1）黑猪肉所含的有机铁（血红素）和半胱氨酸（促进铁元素吸收），具有改善缺铁性贫血的功效。

（2）促进人体健康。黑猪肉的胆固醇和脂肪含量低，含有多种人体必需氨基酸，同时含有丰富的维生素，营养全面，能为人体提供平衡、健康的营养。

四、烹饪与加工

卤猪肉

（1）材料：猪肉、盐、冰糖、生抽、老抽、料酒、姜、八角、桂皮、香叶、丁香、干辣椒等。

（2）做法：将洗干净的猪肉放入容器中，倒入少量料酒和足量的清水，使其漫过猪肉，浸泡1小时左右，除去血水。将除了盐以外的佐料（姜、桂皮、八角、香叶、丁香、干辣椒、生抽、老抽、料酒、冰糖）和猪肉放入锅内并用大火烧开，再转文火慢慢炖煮30分钟左右，加入适量盐，继续文火慢炖至自己喜欢的软硬程度后关火。

卤猪肉

捞出卤肉，盛出卤汁放入容器中晾凉，可放入冰箱保存，取出加热后即可食用。

可乐焖猪肉

（1）材料：猪肉、植物油、可乐、盐、白砂糖、生抽、老抽等。

（2）做法：将猪肉洗干净后切成块状，放入容器，加入适量的盐、生抽、老抽和白砂糖拌匀腌制8～10小时。锅中加入少量植物油，加热后将腌制好的肉块倒入煎出一些油和香味，倒入可乐大火烧开后转为小火，最后收汁即可。

可乐焖猪肉

午餐肉

（1）材料：猪肉、淀粉、盐、香辛料、亚硝酸钠、味精、胡椒粉等。

（2）做法：空罐清洗及消毒→原料预处理（选用去皮剔骨猪肉，洗净、腌制、绞肉、斩拌）→装罐及灌汤→排气→封灌→灭菌→冷却→保温检验→罐头成品。

午餐肉

五、食用注意

（1）儿童不能过多食用猪肉。因为猪肉中的脂肪在胃内停留时间较长，会影响人体对蔬菜、豆制品等食物的摄入，同时过多的脂肪可再转化成脂肪积累在人体内，导致发胖，从而影响儿童的正常发育。

（2）清洗生猪肉时不宜用热水浸泡。因为猪肉的组织中含有大量易溶于热水的肌溶蛋白，而肌溶蛋白里含有的有机酸、谷氨酸和谷氨酸钠盐等鲜味成分溶于热水会大量流失。

没有猪崽赶猪娘

从前有个财主，他的三个女儿都出嫁了。

这天，财主做寿，三个姑爷都来祝寿。财主说："今天，你们都要说一句关于我大寿的吉利话。谁说得好，我就把我家刚满月的猪崽赏给谁。"

大女婿抢先开口说："天也长，地也长，祝贺岳父老子寿命长。"财主听了，说："说得好，说得好，应该得猪崽。"

接着二女婿说："溪水长，江水长，恭喜岳父老子寿命长。"财主听了，也满意地说："应得猪崽。"

三女婿家穷，未读过书，整天用扁担、绳子挑柴草，就说："扁担长，绳子长，恭喜老丈人寿命长。"财主一听，大怒道："我的寿命只有这么长？放肆！"就将猪崽分给了大女婿、二女婿。

三女婿闷闷不乐地回家，将情况对妻子一说，妻子听后，大声笑道："这用不着苦恼，明天待我去！"

第二天，她来到娘家，很有礼貌地对爹爹说："太阳长，月亮长，恭喜爹爹寿命长，没有猪崽赶猪娘。"

说完，财主大喜，把那头老母猪分给了三女儿。

八眉猪

昨日宰猪家祭灶，今宵洗豆俗为糜。
燔柴夹水明如昼，截竹当阶爆御魑。
故国赛还新岁愿，老翁回忆幼年时。
才高命薄天相戏，我亦刚肠不肯悲。

——《平江腊月廿五夜作》
（宋）陈藻

一、物种本源

种属名

八眉猪，偶蹄目、野猪科、猪属驯养家畜，又名西猪、泾川猪。

形态特征

八眉猪被毛为黑色，体型中等，头狭长，耳朵大且同时下垂，额头纵行有像“八”字的皱纹，所以人们称其为“八眉猪”。根据八眉猪体型的特征和大小将其分为三种类型，分别是大八眉、二八眉和小伙猪。大八眉猪的体型较大，母猪体重约122千克，耳朵长过鼻端。二八眉猪体型中等，母猪体重约75千克，耳朵长与嘴齐。小伙猪体型较小，母猪体重约56千克，耳朵较短。现在大八眉猪和二八眉猪因其生长速度慢，人工养殖数较少。小伙猪生长快，深受养殖者欢迎，养殖数量较多，是现在八眉猪的主要养殖品种。八眉猪是一种肉脂兼用型的猪品种，由于其适应性、抗逆性强，耐粗饲，形成脂肪能力强，肉质鲜红、味香、板油多，有害物质残留量少，因此是一种绿色、健康的优质食用肉品。

习性，生长环境

八眉猪原产于我国甘肃的平凉等地，中心产区为我国陕西泾河流域、甘肃陇东和宁夏的固原地区。产区的气候条件特点是冬季严寒而干燥，夏季高温且降水稀少，在这种干寒的自然条件下八眉猪形成了耐寒、抗病力强、抗逆性好、遗传性状稳定等特点，但也存在生长慢、后躯发育差、胴体皮厚等缺点。

二、营养及成分

八眉猪肉营养丰富，每100克八眉猪肉的主要营养成分见下表所列。

干物质	27.4克
粗蛋白质	21.6克
粗脂肪	4.3克
谷氨酸	3.3克
天冬氨酸	1.8克
赖氨酸	1.7克
亮氨酸	1.5克
丙氨酸	1.2克
精氨酸	1.2克
粗灰分	1.1克
缬氨酸	1.1克
异亮氨酸	1克
组氨酸	1克
苯丙氨酸	0.9克
甘氨酸	0.9克
丝氨酸	0.8克
苏氨酸	0.8克
酪氨酸	0.6克
脯氨酸	0.6克
蛋氨酸	0.5克
胱氨酸	0.1克
维生素A	3毫克

三、食材功能

性味 味甘、咸，性平。

归经 归脾、胃、肾经。

功能

八眉猪肉，健脾补中、滋阴润燥、润滑肌肤，对体质虚弱、气血不足、久病后头晕乏力、产后乳汁不通、肺结核、阴虚痰少难咳、老人心脾虚损等症状有辅助促康复的效果。

（1）提高和保护视力。八眉猪肉中富含大量维生素A，因为维生素A是人体视觉细胞中用于感受弱光的视紫红质的重要组成成分，故食用八眉猪肉能帮助提高和保护视力。

（2）补肾滋阴。八眉猪肉性平味甘、咸，有润肠胃、生津液、补肾气、解热毒的功效。

四、烹饪与加工

麻辣猪肉

（1）材料：猪前腿肉、植物油、盐、料酒、鸡精、生抽、老抽、胡椒、生粉、姜、蒜、麻椒、小米椒、蒜苗等。

（2）做法：将猪前腿肉洗净，切成丝备用。用植物油、料酒、鸡精、生抽、胡椒和生粉腌制肉丝30分钟左右。锅中倒入油，放入麻椒小火爆香后捞出，再将姜、蒜、小米椒、蒜苗白色部分倒入麻椒油中翻炒，用大火炒出香味。将腌制好的肉丝倒入锅内，迅速翻炒均匀，倒入蒜苗绿色部分，将肉丝炒熟后，加入少量老抽炒匀上色后即可盛出。

猪肉炖粉条

（1）材料：五花肉、红薯粉条、香菜、盐、植物油、老抽、料酒、冰糖、姜、葱、花椒、八角等。

（2）做法：五花肉洗净之后切成大块。锅中加入适量的水，大火烧沸后，放入洗净切块的五花肉将水再次烧开，撇去上面白色的浮沫，捞出切块的五花肉，用适量的温水再次将五花肉冲洗干净后捞出备用。锅中加入适量植物油，用大火加热后，放入适量的葱、姜、花椒、八角等佐料继续爆炒，炒出佐料的浓郁香味后放入五花肉继续翻炒均匀，炒干。待五花肉略出油后，立即放入料酒、老抽、冰糖快速翻炒至五花肉上色。向锅中加入温水漫过五花肉略多些，大火烧开后转为文火煮40分钟左右，加入洗干净的红薯粉条（红薯粉条不需要泡软，这样可以使粉条吸收更多的汤汁，味道更鲜美），烧开，小火继续煮至粉条变软，装盘后用香菜叶装饰即可。

猪肉炖粉条

猪肉松

猪肉松

原料肉的选择与加工整理（主要是选择卫生质量经检验机构检验合格的新鲜的后腿肉为主要原料，去除其多余的骨头、肉皮、肥肉、筋腱）→将已经整理好的后腿肉用刀切成肉块→加入配料→煮制→炒压→炒松→搓松→跳松→拣松→包装贮藏（可直接选用复合膜、玻璃瓶或马口铁罐包装贮藏）。

五、食用注意

（1）加硝腌制的猪肉宜少食。因为在贮存过程中加硝腌制的猪肉会产生有毒物质亚硝胺等，多食会导致毒性在人体内积累从而诱发癌症。

（2）体胖、多痰、舌苔厚腻者慎食猪肉。

（3）不宜多食猪瘦肉。由于猪瘦肉中的蛋氨酸含量相对较高，蛋氨酸在人体某种酸的催化作用下会形成半胱氨酸，而半胱氨酸是导致动脉硬化的主要原因，它会直接损害动脉细胞，形成典型的动脉粥样硬化斑。老人动脉血管的弹性功能较差，血液的黏稠度也较高，发生动脉硬化的风险大，因此平时老人不宜多食猪瘦肉。

张飞卖小猪

据说张飞曾贩卖过小猪，是个粗中有细的人。一日，他挑着两筐猪来到集市上。刚放下担子，就有一个红脸大汉走来说：“我要买你两筐小猪的一半零半只。”话音刚落，又过来一个黑脸大汉说：“你若卖给他，我就买剩下的一半零半只。”没等张飞答话，又挤过来一个白面书生说：“你若卖给他俩，我就买他俩剩下的一半零半只。”

张飞一听，不由得黑须倒竖，怒上心头。心想：小猪哪有卖半只的，这不是存心欺负俺老张吗？正待动武，但又仔细一想，忽然答应了。结果张飞照他们三个人的说法卖，小猪正好卖完了。聪明的读者，你知道张飞一共卖了多少头小猪吗？他们三人各买了多少头？

谜底：

张飞一共卖了七头猪，红脸大汉买了四头猪，黑脸大汉买了两头猪，白面书生买了一头猪。

藏猪

古传腊月二十四，灶君朝天欲言事。
云车风马小留连，家有杯盘丰典祀。
猪头烂熟双鱼鲜，豆沙甘松粉饵圆。
男儿酌献女儿避，酹酒烧钱灶君喜。
婢子斗争君莫闻，猫犬触秽君莫嗔。
送君醉饱登天门，杓长杓短勿复云。
乞取利市归来兮！

——《祭灶词》（南宋）范成大

一、物种本源

种属名

藏猪，为偶蹄目、猪科、猪属驯养家畜，是川西高原、云南、西藏等地区特有的一种放牧型、瘦肉型猪种。

形态特征

藏猪体型偏小，成年猪平均体重低于50千克。体貌与野猪相似，被毛多呈黑色，少数呈黑白杂色；面部狭窄，皱纹偏少；嘴长而尖，以便寻找食物；两耳小而直立，鬃毛长而直立；四肢较为细小，臀部相对倾斜。

习性，生长环境

藏猪生长于我国青藏高原地区，高原气候的特点是空气稀薄，气压低，氧气少，温度年较差小、日较差大。在这种独特的气候环境条件下，藏猪形成了其特有的野牧生活习性（群体习性、采食习性、栖息习性和迁移习性），具有很强的高原气候适应性，耐粗放管理饲养，抗病性强，肉质优异，是我国珍贵的地方猪品种，素有“高原之珍”的美称。由于藏猪具有很强的抗病力和抗寒力，几乎不生病，不用抗生素，肉中无抗生素和激素的残留，因此藏猪肉被称为绿色肉类。

二、营养及成分

藏猪皮薄（含有丰富的胶原蛋白）、肉细，瘦肉呈鲜红色，肥肉雪白（肥而不腻），脂肪含量低，营养价值高，瘦肉多。每100克藏猪肉的主要营养成分见下表所列。

干物质	23.7克
粗蛋白质	20.8克
粗脂肪	3.1克
谷氨酸	2.5克
赖氨酸	2.1克
总脂肪酸	2克
亮氨酸	1.7克
天冬氨酸	1.6克
精氨酸	1.2克
粗灰分	1.1克
苏氨酸	1.1克
丙氨酸	1.1克
甘氨酸	1克
缬氨酸	1克
异亮氨酸	1克
苯丙氨酸	0.8克
丝氨酸	0.8克
脯氨酸	0.8克
酪氨酸	0.7克
组氨酸	0.7克
蛋氨酸	0.4克
钾	0.4克
色氨酸	0.3克
半胱氨酸	0.1克
钠	0.1克
铁	14.4毫克
锌	5.1毫克
镁	3.4毫克
钙	2毫克
铜	0.2毫克

三、食材功能

性味 味甘、咸，性平。

归经 归脾、胃、肾经。

功能

（1）藏猪肉和其他动物肉一样，含有较多的钙、镁、磷、钠、钾等元素，其中钙、磷是促进骨骼生长的营养要素。

（2）与普通猪肉相比，藏猪肉具有其特殊的营养学功能。其蛋白质与钙含量高，超过普通猪肉；但其脂肪含量远低于普通猪肉，热量低，是一种健康的食用肉品。藏猪肉富含人体必需氨基酸、微量元素、不饱和脂肪酸和抗氧化成分，食用后能够起到强心、改善血液循环、预防和治疗贫血、调整血压、抗衰老和疲劳、增加人体的免疫力和抵抗力等作用。

四、烹饪与加工

宫爆猪肉丁

（1）材料：藏猪瘦肉、鸡蛋、辣椒、葱、蒜、姜、料酒、冰糖、植物油、盐、生抽、香油、淀粉、醋等。

（2）做法：将洗净的藏猪瘦肉切成丁，加入少许鸡蛋清和淀粉将其拌匀。锅中放油，待油四五成热时放入肉丁，炸2分钟左右捞出。将姜片、葱、蒜和辣椒一同放入油锅里，炒出香味后立即放入冰糖，炒至冰糖熔化后，加入料酒、生抽、盐及少量醋，拌匀后倒入猪肉丁中，炒1～2分钟，出锅时，浇一些香油即成。

红煨藏猪肉

（1）材料：藏猪五花肉、猪油、甜酒、盐、葱、姜、冰糖、桂皮、油菜、青椒等。

（2）做法：选择藏猪五花肉，将其洗净后，放入汤锅煮5~10分钟，使肉收缩。捞出肉冲洗干净后将肉切成4厘米左右的方块，锅中放入少许猪油，将猪油烧热后加入葱、姜煸炒，放入五花方肉，炒干表面水分，同时用温火煸出油，放入生抽炒一会儿，加入原汁甜酒、冰糖、盐、桂皮烧沸。捞出肉块，将其摆放在砂锅内，倒入煸肉原汤，用小火煨煮，待肉烂浓香为止。捞出肉块，摆放在盛有油菜的盘内，撒上青椒块，将肉汁浇在肉块上即可。

烧烤藏猪

（1）材料：藏猪肉、啤酒、生抽、豆瓣酱或辣酱等。

（2）做法：藏猪肉皮薄，瘦肉率高，肉质细嫩多汁，适宜烧烤。在烤制过程中一边慢烤一边向肉上喷洒啤酒，涂抹豆瓣酱或辣酱，还可以刷上一些生抽，烤熟一层即可割下来食用，同时再边烤边涂上佐料。

红煨藏猪肉

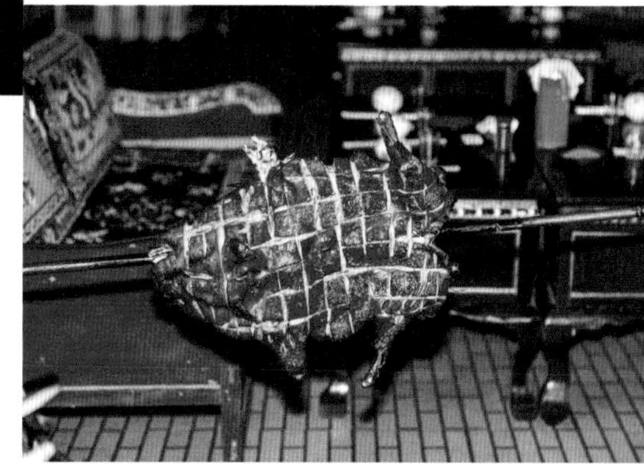

烧烤藏猪

猪肉脯

将猪肉切成肉片（原料选择卫生、安全、质量合格的新鲜猪后腿精肉，去除多余骨头、肥肉、筋膜、碎肉等，切成小块洗净后装入肉模，速冻后用切肉片机切成完整的薄片）→搅拌调配佐料（将特制肉片与混合溶解后的佐料拌匀）→用平摊筛烘干（按规格要求，将特制肉片平摊于特制的半成品筛框中，将特制半成品筛框送入65℃蒸汽烘房烘5~6小时成为特制干坯，自然冷却后成特制半成品）→用空心烘灶烘烤熟（将特制半成品在高温空心烘灶中烘至出油，呈棕红色后即为烘熟，后用高温蒸汽压平机压平后按成品的规格要求进行切片，形成成品）→包装。

猪肉脯

五、食用注意

服磺胺类药物时不宜食用藏猪肉。酸性食物可使磺胺类药物在人体泌尿系统形成结晶而损害人体肾脏，使药效降低，而藏猪肉正属酸性食品，故不宜食用。

十二生肖的传说之猪

古时候有个员外，他家财万贯，良田百顷，只是膝下无子。谁知年近花甲之时，却得了一子。合家欢喜，亲朋共贺。员外更是宴请八方，庆祝后继有人。宴庆之时，一位相士来到孩子面前，见这孩子宽额大脸，天庭饱满，又白又胖，便断言这孩子必是大福大贵之人。

这胖小子福里生、福里长，自小衣来伸手，饭来张口，不习文武，不修农事，只是花天酒地，游手好闲，认为命相已定，今后定会福贵无比，不必辛苦操劳。

哪知这胖小子长大成人后，父母去世，家道衰落，田产被典卖，家什四散。这胖小子仍然过着挥金如土的生活，最后竟饿死在房中。他死后阴魂不散，到阴曹地府的阎王那里告状，说自己天生福贵之相，不能如此惨淡而亡。阎王将这阴魂带到天上玉帝面前，请玉帝公断。玉帝召来人间灶神，问及这一脸富贵相的人怎会饿死在房中。灶神便将这胖小子不思学业、不务农事、坐吃山空、挥霍荒淫的行为一一禀告。玉帝一听大怒，令差官听旨，要胖小子听候发落。玉帝道："你命相虽好，却懒惰成性，今罚你为猪，去吃粗糠。"恰逢这段时间天宫在挑选生肖，这天宫差官误把"吃粗糠"听成了"当生肖"，当即把这胖小子带到了人间。从此，这胖小子成了一头猪，既吃粗糠，又当上了生肖。

黄牛

无义滩头风浪收，黄云开处见黄牛。
白波一道青峰里，听尽猿声是峡州。

——《竹枝词（九首其一）》
（明）杨慎

一、物种本源

种属名

黄牛，为偶蹄目、牛科、牛属驯养家畜，又名家牛，是我国的普通牛种。

形态特征

大多数黄牛全身被毛呈黄色，故称为黄牛，也有少数被毛呈黑色、杂色或白色等。黄牛体长1.5~2.5米，体重200~350千克，体格强壮，肌肉发达。黄牛头、嘴巴和眼睛都比较大，额头宽广、鼻孔大。头上有一对角，左右分开，角基部为圆形，其长短、大小、形状因品种的不同而不同。黄牛根据产地不同分为不同品种，很多品种根据原产地而命名，如我国主要优质黄牛品种有秦川牛、南阳牛、鲁西牛、晋南牛、延边牛等。

习性，生长环境

我国黄牛的代表性品种是秦川牛，因其原产于秦川地区而得名，秦川牛具有适应性强、肉用性能好等特点。南阳牛是我国南阳地区的地方特有牛品种，是我国五大良种黄牛之一，具有肌肉发达、肉质细嫩、耐粗饲、适应性强等特点。鲁西牛原产于山东省西南部，是我国优秀的肉牛品种，鲁西牛耐粗料、易管理，在山东的养殖范围比较广泛。晋南牛身躯高大、结实，属于大型役用和肉用兼用品种，以前主要用于耕地，经过长期的选育，目前主要为肉用牛，晋南牛具有繁育性能好、产量高、肉质鲜嫩等优点。延边牛体格壮硕，适应性强，耐寒性强，肉质软嫩适口，味道鲜美，可媲美日本和牛与韩国韩牛，在国内外市场享有较高的声誉，是我国延边人民培育出的宝贵优良畜禽品种，并已形成了具有地方特色的优势产业。黄牛在中国的饲养头数在大家畜中和牛类中均居首位，饲养地区几乎遍布全国。

二、营养及成分

黄牛肉营养丰富，是一种蛋白质含量高、脂肪含量低的优质食用肉类，有利于人体健康。每100克黄牛肉的主要营养成分见下表所列。

蛋白质	21.6克
非必需氨基酸	11.3克
不饱和脂肪酸	8.8克
必需氨基酸	7.8克
饱和脂肪酸	4.4克
脂肪	2.3克
碳水化合物	0.6克
钾	325.5毫克
磷	186.2毫克
钠	41.8毫克
镁	19.4毫克
钙	4.4毫克
锌	4.4毫克
维生素A	4.4毫克
铁	3.3毫克

三、食材功能

性味 味甘，性温。

归经 归脾、胃经。

功能

黄牛肉具有促进肌肉增长、增加能量的作用。黄牛肉中的肌氨酸是肌肉燃料之源，它可以使训练坚持得更久。

四、烹饪与加工

炖黄牛肉

（1）材料：黄牛肋条肉、植物油、盐、白砂糖、花椒、葱、姜、豆瓣酱、料酒、萝卜等。

（2）做法：选择黄牛肋条肉，切成小块，用开水汆一下，捞出冲洗干净，备用。在锅中放油，加入花椒炒出香味后加入白砂糖炒成焦糖色，加入葱、姜和豆瓣酱炒出香味后倒入牛肉、料酒，大火炒干表面水分。加水漫过牛肉，大火烧开，转小火烧1小时左右，待牛肉变软、汁浓时，加入萝卜块煮30分钟左右，加入适量盐拌匀即可。

小炒黄牛肉

（1）材料：黄牛肉、植物油、盐、淀粉、料酒、小苏打、蒜、辣椒、生抽、蚝油、鸡精等。

（2）做法：将黄牛肉洗干净后切成薄片放入碗中，在碗中加入少量的淀粉、料酒、小苏打、盐和适量的植物油后一起拌匀，腌制牛肉20分钟左右。锅烧热放入适量的油，大火将油烧热后将腌制好的牛肉片放入，炒至牛肉片变色，捞出牛肉片沥干油备用，油留锅内。向锅内放入蒜、辣椒炒香后将捞出沥干油的牛肉片倒入锅中，炒匀，加入生抽、蚝油、鸡精和适量的食盐炒匀即可。

土豆焖黄牛肉

（1）材料：黄牛肉、植物油、盐、花椒、葱、老抽、生抽、料酒、土豆等。

（2）做法：将黄牛肉和土豆洗净后分别切成小块，备用。锅烧热后放入适量的植物油，大火烧热油后，将花椒放入锅中炒香，再将葱花下锅炒香后倒入切好的牛肉块，大火煸炒牛肉块至变色，加入老抽、生抽、料酒和适量的盐，中火翻炒均匀，倒入适量的清水，以漫过牛肉为准，大火烧开，转小火烧20分钟左右后倒入土豆块，中火炖40分钟左右，盛入盘中，撒一点香菜叶装饰即可。

土豆焖黄牛肉

牛肉松

牛肉松

（1）材料：黄牛腿瘦肉、盐、姜、熟面粉、熟豆油、味精、白砂糖、红曲、生抽、白酒、佐料袋等。

（2）做法：选择黄牛腿瘦肉作为原料肉，除去脂肪、筋膜等，切成肉块后用清水洗净、沥干水分；在清水锅中放入姜片，将切好的沥干水分的牛肉块放入，大火煮1小时左右，捞出肉块冷却备用。去除肉汤中的肉渣，向肉汤中加入适量的盐、生抽、白酒和佐料袋，大火烧开后将上述牛肉块放入，转小火煮至肉汤近干，时间约2小时。将肉块盛出冷却，用手将牛肉块撕成牛肉丝；将牛肉丝放入锅内，加入适量的熟面粉和熟豆油（二者比例为1：1）与牛肉丝拌匀，用小火边烘炒边缓缓加入适量的熟面粉和熟豆油继续快速烘炒至蓬松。然后加入味精、白砂糖、红曲，炒拌均匀，待烘炒好的牛肉丝呈松散、油润的状态时出锅即可。

五、食用注意

黄牛肉性偏温，患火热、痰火、湿热之症者宜少食用或不食用黄牛肉。

牛嘴没上牙的原因

古时候，牛王是玉帝殿前的差役，时常往返于天宫和大地之间。有一天，农夫托牛王给玉帝传个口信，说是人间寸草不生，大地光秃秃的，太难看，请玉帝带点草籽给人间，把人间打扮得好看些。玉帝听了，觉得很有道理，便问殿下众神谁愿去人间撒草籽。“玉帝，我愿去人间撒草籽。”牛王自告奋勇地说。“你是个粗心大意的家伙，恐怕不行吧。”玉帝不放心地说。“玉帝放心，若这点小事我都办不好，甘愿受罚。”牛王坚持要去。玉帝同意了牛王的请求，嘱咐牛王到人间后，走三步撒一把草籽。牛王带着草籽走出天宫，在跨出南天门时，不小心跌了一跤，坠下人间后，头晕乎乎的，误以为玉帝的旨意是走一步撒三把草籽。于是，大把的草籽被撒在了大地上。第二年，野草丛生，农夫根本无法种庄稼。他们托灶神告诉玉帝野草太多，庄稼无法生长。玉帝知道坏事了，招来牛王一问，才知道粗心的牛王是走一步撒三把草籽，把一件好事办坏了。“你这粗心的老牛，弄得人间遍地是野草。当初你是怎么保证的？从今以后，你和你的子子孙孙都只限吃草，帮助农夫除掉野草，同时，祖祖辈辈都得帮助农夫干活儿。”玉帝说完，怒气未消，飞起一脚踢向牛王，牛王一个筋斗从天上落到人间，嘴巴朝下，被摔掉了一排上牙，至今也没长出来。

云南高峰牛

门外一溪清见底，老翁牵牛饮溪水。
溪清喜不污牛腹，岂畏践霜寒堕趾。
舍东土瘦多瓦砾，父子勤劳艺黍稷。
勿言牛老行苦迟，我今八十耕犹力。
牛能生犊我有孙，世世相从老故园。
人生得饱万事足，拾牛相齐何足言！

——《饮牛歌》（南宋）陆游

一、物种本源

种属名

云南高峰牛，为偶蹄目、牛科、牛属驯养家畜，又名云南瘤牛。

形态特征

云南高峰牛与普通黄牛在形态特征上有一定的差异，其最典型的差异是云南高峰公牛有一块较大的瘤状突起，瘤高为12~20厘米，形状似驼峰，故其又得名云南瘤牛。云南高峰牛全身被有短而细的密毛，有光泽，颜色有黑、褐、红、黄、青和灰白六种。体躯圆长，前躯发达，后躯呈圆筒形，背腰平直，尾巴较粗且长，四肢较细却结实有力，蹄小而坚实，颈粗短，颈部肌肉厚实。头短额宽，耳朵较大，角粗而短，公牛均有角，母牛多数无角，少数有角的也较短。

习性，生长环境

云南高峰牛是云南省热带和亚热带地区的地方优良牛种，为我国珍贵的畜牧资源之一，主产于云南省瑞丽市、芒市、畹町镇、沧源县、耿马县、镇康县、西盟佤族自治县、孟连县等地。产区气候炎热，雨量充沛，空气湿润，属北热带和南亚热带气候，该牛具有抗热、耐湿、抗蜱等体外寄生虫和抗疾病的能力。产区境内江河纵横，原始森林和山地河谷草场密布，有很长的无霜期，青草等青绿饲料终年长青，这些都为云南高峰牛的生存提供了良好的自然条件。云南高峰牛适于粗放饲养，饲养管理以放牧为主，冬、春季补给玉米、大米、稻草等饲料即可。因此，在云南饲料资源短缺、饲养条件粗放的条件下，云南高峰牛是一种优良的、值得大力推广的地方良种。

二、营养及成分

云南高峰牛肉质细嫩，肌细胞直径小而密度大，色、香、味优良，口感亦较好，同时富含矿物质、氨基酸等营养成分，是一种优质的食用肉类。每100克云南高峰牛肉的部分营养成分见下表所列。

干物质	23.7克
粗蛋白	20.5克
粗脂肪	2.1克
粗灰分	1.2克
钾	621毫克
钠	141.3毫克
镁	56.6毫克
谷氨酸	27.8毫克
铁	18.1毫克
天门冬氨酸	16.2毫克
亮氨酸	14.8毫克
赖氨酸	14.4毫克
钙	10毫克
缬氨酸	9.0毫克
苏氨酸	8.1毫克
甘氨酸	7.6毫克
络氨酸	5.7毫克
蛋氨酸	3.6毫克
锂	1.5毫克
胱氨酸	1.3毫克
锌	0.5毫克
铜	0.5毫克
锰	0.1毫克

三、食材功能

性味 味甘，性温。

归经 归脾、胃经。

功能 补脾胃，益气血，强筋骨。

（1）云南高峰牛肉中的卡尼汀对健美运动员增长肌肉有重要作用。

（2）云南高峰牛肉中含锌，锌是一种有助于合成蛋白质、促进肌肉生长的抗氧化剂。

（3）云南高峰牛肉中富含钙、镁等多种微量元素，能够促进身体血液循环，增强身体免疫力。

四、烹饪与加工

红酒烩牛肉

（1）材料：红酒适量，大料、花椒、辣椒、孜然、姜、葱、生抽、冰糖适量，牛肉500克等。

（2）做法：把牛肉洗净，切成块状。锅里放水烧开，沸腾后下牛肉块煮一会儿，等水再开后，除去浮沫，直到没有浮沫时将牛肉倒出，沥

红酒烩牛肉

干水分。另取一锅（最好是砂锅），将牛肉放入，加入大料、花椒、辣椒、孜然、姜片、冰糖，倒入红酒与少量生抽，盖上盖子用中火焖煮一会儿。待牛肉烧至七分熟后加入葱段，用小火再焖煮一会儿，待收干汤汁后盛出即可食用。

牛肉罐头

原料的选择与处理（选择卫生质量经检验机构检验合格的新鲜牛肉，剔除牛骨头，清洗干净，将牛肉切成2～3厘米的小块）→一次煮制（将牛肉块、煮制剂和水按质量比例1∶0.03∶3混合，煮制20～30分钟后沥干）→腌制（将煮制的牛肉块放入腌制剂中，在18～20℃条件下腌制3～4小时）→二次煮制（将腌制的牛肉块连同腌制剂再煮制1～2小时，即得罐头肉）→装罐（将罐头肉分装于罐头中并于90～95℃条件下封口，即可得到罐头）→杀菌（对罐头进行10～15分钟的杀菌处理）。

牛肉罐头

五、食用注意

牛肉不可过量食用，若过量食用牛肉会增加人体胃肠道负担，导致消化不良、便秘等。

牛与鼠生肖排座次的传说

很久很久以前，十二生肖是没有排名的。直到有一天，他们决定通过比赛来排座次。比赛那天，老鼠起得很早，牛也起得很早，它们在路上碰到了。牛个头大，迈的步子也大；老鼠个头小，迈的步子也小。老鼠跑得上气不接下气，才能刚刚跟上牛。老鼠心里想：路还远着呢，但我快跑不动了，这可怎么办？它脑子一动，想出个主意来，就对牛说："牛大哥，我来给你唱首歌。"牛说："好啊，你唱吧。"过了一会儿，牛听着没声音，就说："咦！你怎么不唱呀？"老鼠说："我在唱呢，你怎么没听见？哦，我的嗓门太细了，你没听见。这样吧，让我骑在你的脖子上，唱起歌来，你就能听见了。"牛说："行啊，行啊！"老鼠就沿着牛腿一直爬上了牛脖子，让牛驮着自己走，可舒服了。它摇头晃脑的，真的唱起歌来。牛听得乐了，撒开四条腿使劲跑，快接近终点的时候，牛看见前面谁都没到，高兴得哞哞地叫起来："我是第一名！我是第一名！"牛还没把话说完，老鼠从牛脖子上一蹦便蹦到地上，以迅雷不及掩耳之势朝牛扔出了一个大火桶，牛疼得嗷嗷叫，再也没法超过老鼠了。结果，老鼠的诡计得逞了，得了第一名，而牛却屈居第二名。所以，在十二生肖里，小小的老鼠便排在最前面了。

大别山牛

尔牛角弯环，我牛尾秃速。
共拈短笛与长鞭，南陇东冈去相逐。
日斜草远牛行迟，牛劳牛饥唯我知；
牛上唱歌牛下坐，夜归还向牛边卧。
长年牧牛百不忧，但恐输租卖我牛。

——《牧牛词》（明）高启

一、物种本源

种属名

大别山牛为偶蹄目、牛科、牛属驯养家畜，为役用和肉用兼用型牛。

形态特征

大别山牛被毛以黄色为主，其次是褐色，少数为黑色。毛细而短，平滑光亮。大别山牛体格矮小，一般体高约115厘米，体长约130厘米，体重约300千克，前躯稍高于后躯，骨骼粗壮，四肢筋腱清晰，蹄圆大而坚实，行动敏捷，是人类理想的役用黄牛。肋骨明显拱起，后躯较宽而稍斜。公牛头方额宽，颈粗而短，垂皮发达；母牛头部狭长而清秀，颈较薄长，垂皮长。

习性，生长环境

大别山牛以分布在大别山而定名，主要产于大别山西部的湖北省黄陂、英山、红安、麻城等地和大别山东部的安徽省金寨、六安、潜山、太湖等地，大别山区邻近的各县均有分布。产区属亚热带季风气候，年平均气温为15.6～16.4℃，全年雨量充沛，无霜期约245天。产地气候条件好，水、热资源丰富，农作物产量高，农副产品与牧草多种多样，为大别山牛提供了良好的饲养条件。在长期的饲养过程中，大别山牛形成了体质强健、行动敏捷、善于爬山、适应性强、耐粗饲的优势，且具有耐受高温、高湿，抗寒能力、抗病力强，合群、易饲养、役力强等特点，同时大别山牛肉用性能也较好。因此，大别山牛是我国的优良地方品种之一。

二、营养及成分

大别山牛是我国优良的黄牛遗传品种资源，肉质细腻、香味浓郁，

同时富含矿物质、氨基酸等营养成分，是一种优质的食用肉类。每100克大别山牛肉的主要营养成分见下表所列。

干物质	35.6克
粗蛋白	20.9克
粗脂肪	11.2克
谷氨酸	3.3克
天冬氨酸	1.9克
赖氨酸	1.8克
亮氨酸	1.7克
精氨酸	1.3克
丙氨酸	1.2克
缬氨酸	1.1克
异亮氨酸	1克
组氨酸	1克
苏氨酸	0.9克
甘氨酸	0.9克
苯丙氨酸	0.9克
丝氨酸	0.8克
络氨酸	0.6克
脯氨酸	0.5克
蛋氨酸	0.3克
胱氨酸	0.2克

三、食材功能

性味 味甘，性温。

归经 归脾、胃经。

功能

（1）大别山牛肉中脂肪含量很低，且富含亚油酸。亚油酸是潜在的抗氧化剂，可以有效修复举重等运动对人体造成的组织损伤。

（2）蛋白质需求量越大，饮食中所应该增加的维生素B_6就应越多。大别山牛肉中含有丰富的维生素B_6，可促进蛋白质的新陈代谢和合成，从而有助于身体健康和紧张训练后身体的恢复。

四、烹饪与加工

水煮牛肉

（1）材料：牛肉200克，鲜香菇150克，豆瓣酱、姜、大蒜、料酒、生抽、生粉、盐、鸡精、葱、植物油、豆芽、千张丝等。

（2）做法：将牛肉切薄片，加入料酒、生抽、盐、生粉、植物油，拌匀腌制20分钟；将大蒜（留一些剁成碎末）、姜切片，鲜香菇洗净后挤干水分备用。热锅凉油，入豆瓣酱、大蒜、生姜，小火炒出红油，加入鲜香菇，翻炒至香菇塌软，加入适量清水，大火烧开，加入豆芽、千张丝，断生，再加入盐、鸡精、适量葱段调味，将煮熟后的鲜香菇、豆芽和千张丝捞出，铺在盘底。锅中水再次烧开，下腌好的牛肉片，煮至牛

水煮牛肉

肉断生后，连汤汁一起倒在盛有鲜香菇、豆芽和千张丝的汤盆中，再铺上大蒜末、葱末，烧热油淋在蒜末、葱末上即可。

酥炸牛肉

（1）材料：牛肉、植物油、葱、姜、桂皮、八角、花椒、料酒、糖、酱油、盐、蛋清、面粉、花椒、番茄酱等。

（2）做法：先将牛肉切成长方块，洗净，放入沸水锅中氽一下，捞出冲洗干净。在砂锅中加入适量清水，放入适量的葱、姜、桂皮、八角、花椒、料酒、糖、生抽、老抽、盐，大火煮沸后加入牛肉继续用大火煮沸，然后改用小火煮至牛肉酥烂后改为大火煮至卤汁收缩，牛肉捞出晾凉待用。用蛋清、面粉、清水调成均匀的蛋糊，将煮好晾凉的牛肉放入蛋糊中拌匀并裹上蛋糊。在锅中放入适量的植物油，烧至约五成热时，将裹上蛋糊的牛肉放入油锅中，炸至牛肉呈金黄色捞出即可装盘，可根据自己的口味撒上少许花椒、盐或番茄酱。

酥炸牛肉

腊牛肉

（1）材料：牛后腿、盐、白砂糖、白酒、花椒、生抽、老抽、五香粉等。

（2）做法：原料的选择和处理（以牛后腿为佳，剔除脂肪油膜、肌腱，洗净，切成长条形状）→腌制（用适量的盐、白砂糖、白酒、花椒、生抽、老抽、五香粉，与处理好的牛肉混合拌匀，放入容器内腌制10～48小时，其中翻动2～3次）→晾晒或烘烤［将腌好的牛肉穿绳或烘烤（条件为40～50℃，30小时）］。

五、食用注意

患有肾炎的人不能多食牛肉。牛肉属于高蛋白食品，患有肾炎的人多吃会加重肾脏的负担。

老子与“青牛紫气”

古人爱骑牛，《史记·老子韩非列传》中有“青牛紫气”一词。道家的创始人老子和孔子一样，也是一代伟人。老子做过东周的守藏史。因周朝内乱，老子辞官离去，他骑着一头青牛，悠然自得地朝西方去了。老子过函谷关时，关令尹喜见紫气浮关，便邀老子为之著书。老子心里明白，不著书是出不去关的。于是，他筹才运思，挥笔写下了五千言的《道德经》之后，飘然过关而去。后来人们便以“青牛紫气”来表示“仙人隐居吉祥降，形势大好用青牛”。

水牛

朝牧牛，牧牛下江曲。
夜牧牛，牧牛度村谷。
荷蓑出林春雨细，芦管卧吹莎草绿。
乱插蓬蒿箭满腰，不怕猛虎欺黄犊。

——《牧童词》（唐）李涉

一、物种本源

种属名

水牛属于偶蹄目、牛科、水牛属驯养家畜。

形态特征

水牛由于皮肤很厚，并且汗腺很不发达，散热特别困难，在温度高的情况下，需要浸泡在水中降低身体温度，因此称其为水牛。水牛被毛多呈灰黑色，毛稀疏，体格健壮，背部向后下方倾斜，头额部狭长，角粗大，略扁，向后方弯曲；蹄子很大并且坚硬结实，即使在水中浸泡对其也无伤害。水牛膝关节运动起来十分灵活，因此水牛能在泥浆中自由行走，适于在水田工作。水牛肉的颜色比猪肉颜色深，呈暗红色，肉纤维比较粗而松弛，切面平滑且光泽感较强，有时带有微微淡紫色光辉，脂肪呈白色，干燥而黏性小。

习性，生长环境

水牛养殖历史悠久，为亚洲普遍力畜，在我国主要分布在南方地区，为南方水稻区的重要役畜。水牛喜欢在水边和丛林中栖息。水牛喜欢在泥潭里打滚，这样有利于其散热，同时对防止昆虫叮咬也具有一定的作用。水牛还具有敏锐的感官、发达的嗅觉。

二、营养及成分

水牛肉属于高蛋白、低脂肪、低胆固醇的肉类。每100克水牛肉的部分营养成分见下表所列。

粗蛋白	22克
粗灰分	1.2克
粗脂肪	1.7克
碳水化合物	1.2克
钾	284毫克
磷	172毫克
胆固醇	58毫克
钠	53.6毫克
镁	21毫克
维生素A	16毫克
硒	10.6毫克
碘	10.4毫克
钙	9毫克
维生素B_3	6.3毫克
锌	3.7毫克
铁	2.8毫克
维生素E	0.4毫克
铜	0.2毫克
维生素B_2	0.1毫克
维生素B_1	0.1毫克

三、食材功能

性味 味甘，性凉。

归经 归脾、胃经。

功能

（1）抗衰老。水牛肉中富含多种矿物质元素，而这些矿物质元素各自具有特殊的作用，如锌有助于蛋白质合成，促进肌肉生长，具有抗衰老作用。

（2）促进生长发育。蛋白质是生命的重要基础物质之一，是促进人体内部组织更新和修补的主要营养原料，是人体很多器官和组织（如人的皮肤、肌肉、骨骼、大脑、神经、内分泌等）的重要组成部分。水牛肉中的蛋白质含量高，因此食用水牛肉可以促进生长发育。

水牛肉

四、烹饪与加工

焖水牛肉

（1）材料：水牛肉、黄油、姜、蒜、红萝卜、洋葱、高汤、盐、胡椒、淀粉、红酒、土豆等。

（2）做法：将水牛肉洗净切块，用清水浸泡2小时左右，中间换水3~5次，后用清水多洗几次漂去血水。将牛肉块放入锅中，放入姜片，加入冷水，煮沸10分钟后捞出牛肉，洗去浮沫。将蒜段、红萝卜、洋葱和牛肉放入锅中，加水没过表面，大火煮沸10分钟。倒入高汤，放入盐、胡椒等佐料，小火煮60分钟左右，捞出牛肉。后在锅内再加入少量水，放入削成圆球的土豆，将其慢火煮到熟透捞出。在锅里的汤中加入少许淀粉，煮成半透明稀浆后倒入牛肉，加2~3汤匙红酒，撒少许盐，小火煮8分钟左右。倒入用黄油炒过的洋葱、红萝卜、土豆，拌均匀，盛出，浇上锅中的汤汁即可。

盐水牛肉

（1）材料：水牛腱子肉、姜、葱、盐、花椒、丁香、八角、陈皮、桂皮、月桂叶等。

（2）做法：将水牛腱子肉洗净并剪去肥油，入滚水（水中加入葱、姜）汆烫片刻捞出待用。炒锅擦干入盐炒至变色，加入八角、花椒继续煸香，继续加入丁香、陈皮、月桂叶、桂皮、姜、葱、水（要盖满食材），煮开即为卤汁。将汆烫过的水牛腱子肉放入煮好的卤汁中，小火煮1小时左右。时间到后不要掀锅盖，一直泡到汤汁凉了，水牛腱子肉入味，捞出切片摆盘。

盐水牛肉

炖水牛肉

（1）材料：水牛腱子肉、植物油、盐、姜、蒜、洋葱、卤料包、黄酒、老抽、生抽、冰糖等。

（2）做法：以水牛腱子肉为原料，洗净，切成大小适合的块状，放在清水中浸泡2小时左右，中间换水3~5次，去除牛肉中的血水。锅中放入适量植物油，油热后放姜、蒜爆炒出香味，放洋葱炒香、炒软，将切块的牛肉放入锅内，炒至牛肉表面收缩发白，加入适量的水至没过牛肉，放入卤料包、黄酒、老抽、生抽、盐，大火煮开，撇去浮沫，转小火炖2小时左右，加入适量冰糖，再炖一会儿至牛肉熟透，捞出牛肉，晾凉后切成小块，再放回汤汁里烧开即可。

咖喱牛肉干

咖喱牛肉干

（1）材料：牛腿部的瘦肉、盐、生抽、白砂糖、白酒、味精、咖喱粉、辣椒粉等。

（2）做法：选择卫生质量经检验机构检验合格的新鲜牛腿部的瘦肉，去除牛腿部骨头、脂肪、筋腱等，清洗干净后沥干水，切成大小合适的肉块。将切好的肉块放入锅中，清水煮制1小时，肉块发硬时即可出锅、晾凉，根据加工要求的规格切成大小合适的片状或颗粒状。在上述煮制牛肉的锅内原汤中，加入盐、生抽和适量白砂糖，搅拌至盐、白砂糖溶解后，加入已经切好的肉片或肉粒，用大火快速煮沸，用小火边继续煮边快速翻动。待锅中汤汁快全部烧干时，加入白酒、味精和适量的咖喱粉和少量的辣椒粉，翻炒均匀，待料液全部被吸收后即可出锅。将已经煮好的肉片或肉粒均匀平铺于铁丝网上晾凉，然后将其置于60℃左右烘房内烘干，烘至表里干燥一致时，即为咖喱牛肉干。

五、食用注意

（1）患有肝病、肾病及皮肤病的人应慎食水牛肉。

（2）老人、幼儿及消化能力弱的人应少食水牛肉。

朱元璋“牛肉抠饺”

具有“质优形美、皮酥馅多、鲜香爽口、别有风味”之特点的湖北传统风味小吃“牛肉抠饺”，系用牛肉为馅，填入搓成圆坛形的米粉团中，入油锅炸制而成。饺子口小肚大，形似民间常用的小泡菜坛子，亦颇似和尚敲的木鱼。说起牛肉抠饺的由来，还与朱元璋有关呢。

相传在元朝末年，朱元璋的母亲刚刚怀上朱元璋，由于生活所迫，便从安徽凤阳逃荒到湖北应山。这天，朱元璋的母亲在应山杨家岗的一个破窑洞里生产，最后因难产而离开人世。这时，宝林寺的一个老和尚正路过此地，听到破窑洞里有婴儿哭声，便把婴儿抱回宝林寺。等到朱元璋长大一些后，他在宝林寺放牛，而寺里和尚却规定，热天管穿不管吃，冷天管吃不管穿。夏季的一天，他在外放牛实在太饿了，杀了一头小牛，还从寺中偷来一个坛子，同一群放牛娃在山里煨牛肉吃。大家吃完牛肉后，朱元璋怕老和尚向他要牛，便把牛尾巴插在山顶上，说了声请土地神拉着，随即跑回寺里对老和尚说，牛钻到山里头出不来了。老和尚不信，便跟着跑到山上看，只见牛尾巴还在外面翘着呢！就使劲往外扯，说来也怪，只扯得“小牛”“哞哞”直叫。没办法，老和尚信以为真只好下山回寺里去了。这时，小伙伴们心情才平静下来，有的说朱元璋“金口玉言”，将来肯定要当皇帝。公元1368年，朱元璋当上皇帝后，山珍海味吃腻了，就想换换口味。一天晚上，朱元璋突然梦见了小时候偷吃牛肉的事来。第二天一大早就召见一直跟随他当御厨的同乡，令他做一种用坛子装的牛肉而且要求坛子和牛肉可以同吃。同乡接受御旨后几经琢磨，终于做出了一种颇似坛子形状的牛肉抠饺。事后，朱元璋又害怕同乡知其底细，把自己幼年当放牛娃时因饥饿而偷吃牛肉的丑闻张扬出去有损自己的名声，遂起杀人灭口之心。同乡得知消息后便连夜打点行装偷偷跑到湖北做起牛肉抠饺的生意，使这一著名风味小吃得以流传至今。

畜养牦牛

今日苦短昨日休，岁云暮矣增离忧。
霜凋碧树作锦树，万壑东逝无停留。
荒戍之城石色古，东郭老人住青丘。
飞书白帝营斗粟，琴瑟几杖柴门幽。
青草萋萋尽枯死，天马跛足随牦牛。

——《锦树行》（节选）（唐）杜甫

一、物种本源

种属名

牦牛，属于偶蹄目、牛科、牛属驯养家畜。由于牦牛的叫声与猪的叫声相似，又称其为猪声牛；因其主产于我国青藏高原的藏族地区，西方发达国家普遍称其为西藏牛；由于牦牛的尾巴与马的尾巴形态相似，又称其为马尾牛。

形态特征

牦牛体型与水牛很相似，但比水牛更加高大、威猛、强健。一般牦牛体重约1000千克，体长为2～3米；头比较大，脖子短，四肢短粗；雌雄牦牛都有一对角；牦牛被毛呈褐黑色或棕黑色，皮毛比较粗硬，但天祝白牦牛是所有牦牛中特别的一种，其全身都呈白色。当然牦牛的毛还有一大特点，即在它的身体略靠下部的两侧、四肢上部、胸部、肩部以及尾部密生长毛，而密生在身体略靠下部的两侧的毛较长，几乎接近地面，到了寒冷季节，在粗毛间会长出绒毛有利于抗寒。牦牛全身都是宝，它既可被广泛用于畜牧和农耕，又可作为高原运输工具，同时可产牦牛奶供当地人们饮用，牦牛粪可用于烧烤燃料，毛用来做衣服或帐篷，皮则可供人们加工制造牦牛皮革。

习性，生长环境

牦牛分布于以我国青藏高原为中心的海拔3000米以上的高寒地区，在我国主要分布于西藏、甘肃、青海、新疆、四川等省（自治区）。此外，在印度、阿富汗、巴基斯坦等国也有少量分布。牦牛分布区的气候特点为氧气稀薄、辐射强烈、日照多、气温低、积温少、夏季温凉多雨、冬季漫长而干冷且大风多。牦牛厚厚的被毛和皮下蓄积的脂肪有利于其防寒保暖，可适应低温、低氧的环境条件。此外，牦牛胸腔大，心肺发达，红细胞和血红蛋白多，有利于其增加血液的氧容量，适应高原

缺氧的环境。牦牛嘴巴宽大、嘴唇灵活有利于其啃食矮草，蹄子大而坚实且有软垫有利于其在险坡、雪山和沼泽等地行走。牦牛抗病性与抗逆性均较强，食性广，耐饥渴，有利于粗放饲养管理。

二、营养及成分

牦牛肉营养丰富，是高蛋白质的肉品。每100克牦牛肉的主要营养成分见下表所列。

粗蛋白	27.1克
总氨基酸	16.9克
非必需氨基酸	10.1克
必需氨基酸	6.8克
粗脂肪	2.5克
粗灰分	1.8克
不饱和脂肪酸	0.9克
饱和脂肪酸	0.5克
磷	0.3克
镁	26.4毫克
锌	4.7毫克
铁	3.8毫克
钙	3.4毫克
维生素E	0.5毫克
维生素B_2	0.2毫克
铜	0.1毫克

三、食材功能

性味 味甘，性温。

归经 归脾、胃经。

功能

（1）补充多种营养。牦牛肉蛋白质含量高，氨基酸种类丰富，具有多种人体必需氨基酸，脂肪含量低，不饱和脂肪酸含量高。此外，牦牛肉还含有丰富的矿物质元素和多种维生素等，能为人体补充多种有益的营养成分，平时人们食用能补充营养而且不会发胖。

（2）补血抗衰老。牦牛肉中微量元素含量特别高，其中铁与锌元素含量较高，铁元素能够促进血红细胞再生，预防和治疗缺铁性贫血；锌元素能促进人体内蛋白质的合成等，也能促进生长，起到抗衰老的作用。

（3）促进病后和术后康复。牦牛肉能有效提高机体抗病能力，促进病人病后和术后的康复、体质的增强和恢复。另外，对于术后、病后需要调养的人来说，牦牛肉在补血、修复组织损伤等方面也起重要作用，能让人体快速恢复，对人类身体有明显的调理作用。

四、烹饪与加工

干煸牦牛肉

（1）材料：牦牛后座肉、植物油、盐、生抽、料酒、姜、花椒、辣椒、香油、红油等。

（2）做法：将牦牛后座肉去除筋膜、洗净，切成粗丝备用。锅中放入适量植物油，烧热，放入牦牛肉，大火快速煸炒。当牛肉丝水分已被炒干起酥时，放入盐、料酒、生抽、姜末、辣椒等佐料炒匀，然后撒上花椒末，淋入香油和红油装盘即可。

干煸牦牛肉

特色牦牛肉

（1）材料：新鲜牦牛肉、姜、葱、卤料包、生抽、冰糖、盐、料酒、蚝油、淀粉、香油、红椒等。

（2）做法：将新鲜牦牛肉洗净放入锅中用清水氽一下，捞出洗净备用。锅中放入清水，将姜片、葱段、卤料包、生抽、冰糖、盐、料酒放入锅内，大火煮沸后再小火煮8分钟左右，形成卤汁。将牛肉放入卤汁中大火煮沸后转文火，烧至牛肉八成熟后将其捞出晾凉。将晾凉的牛肉切成片，放入容器内加适量卤汁后置于锅内蒸至牛肉熟透，取出扣入盘中。锅中放少许卤汁、蚝油、淀粉和香油烧开搅拌均匀后，盛出淋在牛肉上，将用油炸好的红椒摆在上面即可。

红煨牦牛肉

（1）材料：牦牛肉、植物油、料酒、生抽、姜、葱、桂皮、八角、冰糖、盐、蒜苗、胡椒等。

（2）做法：将牦牛肉切成大块、洗净，放入沸水中煮至五成熟，捞出洗净晾凉，切成小块。锅中放入适量油烧热后，倒入牛肉块大火煸炒，加入料酒、生抽迅速翻炒均匀后，加入姜、葱、桂皮、八角、冰糖、盐等佐料，倒入牛骨头汤使其没过牛肉，大火烧开后，转小火煮至牛肉软烂，加入蒜苗、胡椒后烧开即可。

牦牛肉干

牦牛肉干

选择卫生质量经检验机构检验合格的牦牛肉→按照肉的纹理进行分割→将分割后的牛肉放入清水中浸泡3~4小时，除去血水和膻味→将肉块按大小分类煮制，煮至肉块中心呈灰色→捞出牛肉，晾凉，按肉的自然纹理切出符合牦牛肉干要求的精肉→炒制→烘烤（将炒制好的肉进行摆盘，再烘烤）→检验→包装。

五、食用注意

（1）发热人群宜少食牦牛肉。牦牛肉为温燥食物，因感冒或感染性疾病引起的发热人群食用后会加重病情。

（2）胆固醇高的人群宜少食牦牛肉。因为牦牛肉中含有大量的胆固醇，食用后会提升人体的胆固醇含量。

（3）皮肤病患者宜少食牦牛肉。牦牛肉是发物食品，若湿疹疮毒、瘙痒等皮肤病患者食用会加重病情。

（4）肾炎患者不宜多食牦牛肉。牦牛肉是高蛋白质含量食物，若肾炎患者食用过多的牦牛肉会加重肾脏负担。

白牦牛的故事

古时候，华锐人的祖先华秀居住在西方遥远的雪山下，雪山下牛羊众多，草原就不够用了。华秀和哥哥阿秀商量，去寻找新的草场。于是华秀告别哥哥，祈祷神灵给他和部落指出一条路。

这时，一位身穿战袍、骑着白骏马的神灵出现在天空中，他在半空中随着一朵五彩云向东方飘动。华秀便带领部落的男女老少赶着大群牛羊离开家乡，向五彩云飘动的方向出发。当部落和牛羊即将走出一个石峡时，那些玄色的牦牛发出了一阵阵非常痛苦悲切的声音，人们都知道这些牲畜和人一样，对故土难舍难分。整个牦牛群叫成一片，谁也不愿前行。牧民们见此情景，也禁不住泪流满面，放声大哭。

正在这时，身后巍峨的雪山深处出现了一头白牦牛，它像雪一样白，十分漂亮、威武，就像一团皎白的云。白牦牛大吼着，向石峡口奔去。说来也怪，其他牦牛看见了白牦牛，便停止了哀叫，跟随着白牦牛一齐向峡口奔去。整个部落便又开始前行。

当人们跟随着牦牛群走出峡口时，眼前却是一片惨景。其他的牦牛全倒下了，只剩那头白牦牛和一头玄色巨怪角斗，斗得大地沙石飞舞，天昏地暗。人们非常惊恐，都在为白牦牛担忧。突然，玄色巨怪惨叫一声，不知去向。白牦牛凭它的勇猛战胜了玄色巨怪。

一头受伤的小牛不停地哀叫，白牦牛看见了，走上前用舌头一下又一下舔着那可怜的小牛，舔着舔着，玄色的小牛突然之间变得通身雪白。

这时，天空中传来骏马的嘶鸣，大家仰头看到那位身穿战袍的神灵重新出现在头顶。痛苦绝望的华秀和部落的牧民们，便又继续前行了。不知经历了多少艰难险阻，也不知走了多远，走了多长时间。有一日，天空中的神灵和白马突然降落到地面，人们面前便横亘起一座雄伟壮丽的雪山。华秀对大家说，这雪山下就是我们的新家！大家便不再前进，在这儿定居下来。这儿草场广袤，草盛林茂，溪水潺潺，山泉叮咚，确实是一块放牧的好地方。从此，华秀和他的部落便很幸福地生活在这里，那喝了雪山泉水的牦牛更白了，一群又一群，像天空中飘荡的白色云朵。

从此，白牦牛的美名扬天下，它更是华锐人的骄傲。

家山羊

谢傅知怜景气新，许寻高寺望江春。
龙文远水吞平岸，羊角轻风旋细尘。
山茗粉含鹰觜嫩，海榴红绽锦窠匀。
归来笑问诸从事，占得闲行有几人。

——《早春登龙山静胜寺，时非休浣，司空特许是行，因赠幕中诸公》（唐）元稹

一、物种本源

种属名

家山羊，为偶蹄目、牛科、羊亚科、山羊属驯养家畜，又称夏羊、黑羊、羖羊等。

形态特征

全世界现有一百五十多个主要的山羊品种和品种群，根据生产方向进行分类，有绒用山羊、毛皮山羊、肉用山羊、毛用山羊、奶用山羊和兼用山羊（也称普通山羊，既生产毛、绒，又生产肉、奶，如新疆山羊、沂蒙黑山羊等）六类。不同的肉用山羊形态特征不同。如沧山黑山羊是湖南地区的优良品种，主要分布在我国长江以南地区，全身被毛多呈黑色，少数呈白色、黄色或杂色，体格大，体躯略呈长方形，头呈三角形，鼻梁平直，两耳向前倾立，公、母羊绝大多数有角、有髯，公羊角粗大，母羊角较小。黄淮山羊主要分布在黄淮流域，因此得名，其主要分布在安徽，河南，江苏的徐州、淮阴等地区。黄淮山羊全身被毛为白色，躯体高而长，头长鼻直，眼大，耳长而直立，下颌有髯。波尔山羊原产于南非，被称为世界“肉用山羊之王”，瘦肉率高，是世界上优秀的肉用山羊品种。波尔山羊被毛呈白色，头部呈红褐色，白鼻梁，体格健壮，腿短，肉厚，耳朵大且垂直向下。

习性，生长环境

家山羊分布于我国各省、市、自治区，主要分布在长江以北地区，集中在华东、华北和西南地区，在华南地区分布较少。食用家山羊肉在我国十分普遍，家山羊肉是重要的中华传统食材之一。如波尔山羊屠宰率高，肉质细嫩，耐粗饲，适应性强，抗病力强，因此在我国大部分地区均有养殖。家山羊生性好动，食性广，喜食灌木，对生态环境适应性强，喜欢干燥、清洁的环境，繁殖力强，多胎多产。

沧山黑山羊

二、营养及成分

家山羊肉是一种瘦肉率高、脂肪含量低、蛋白质含量高的优质食用肉类。每100克家山羊肉的主要营养成分见下表所列。

干物质	24.2克
粗蛋白	21.2克
非必需氨基酸	12.8克
必需氨基酸	9克
粗脂肪	3.9克
粗灰分	1.5克
钾	0.4克
碳水化合物	0.2克
磷	0.2克
钠	69.4毫克
胆固醇	60毫克
维生素D	32毫克

成分	含量
镁	17毫克
钙	9毫克
硒	7.2毫克
锌	6.1毫克
维生素B_3	5.2毫克
铁	3.9毫克
维生素B_5	0.7毫克
铜	0.1毫克

三、食材功能

性味 味甘，性热。

归经 归脾、肾经。

功能 传统医学认为家山羊肉具有温中暖下、益气补虚、补肾壮阳等功效。

黄淮山羊

（1）家山羊肉能滋补身体。家山羊肉富含蛋白质和人体必需氨基酸以及钙、铁、锌等矿物质元素和多种维生素，能满足人体代谢时对多种不同营养成分的需要，促进人体代谢，缓解虚弱。

（2）家山羊肉能保护胃黏膜。家山羊肉能促进胃液的分泌，保护胃壁，修复胃黏膜，提高胃部的消化能力，减少其他刺激物质对胃黏膜的伤害，有效预防多种胃病的发生。

四、烹饪与加工

烤羊排

（1）材料：羊排1500克，葱、蒜各1根，姜、孜然、熟芝麻、植物油等。

（2）做法：把羊排洗净，冷水下锅。大火煮沸，撇去浮沫。加入葱、蒜和姜，小火煮40分钟。捞出沥干汤汁。烤箱预热250℃，放入羊排烤20分钟。取一个碗，放入孜然、熟芝麻和植物油搅拌均匀。取出羊排，刷上调好的佐料继续烤5分钟。然后，把温度调成180℃，烤5分钟即可出炉。

烤羊排

葱爆羊肉

（1）材料：羊肉300克，葱、蒜、生抽、淀粉、白砂糖、料酒、醋、盐、植物油、柠檬水等。

（2）做法：把羊肉洗净，顺着纹理切片。放入碗中，加入生抽、料酒、淀粉腌制入味。锅中烧油。下入羊肉快速炒熟。捞出备用。锅留底油，下入葱末、蒜末爆香。把羊肉倒入锅中，加入盐、白砂糖、柠檬水、醋翻炒均匀即可出锅。

羊肉脯

（1）材料：羊瘦肉、盐、植物油、姜、料酒等。

（2）做法：选择羊腿、羊臀部新鲜的瘦肉，剔除骨头、筋腱等，保留瘦肉，顺着纹理切成2～3毫米厚的长方形肉片。将切好的羊肉片与佐料拌匀，腌制30分钟左右。将腌制好的羊肉片平铺于涂油的铁筛或竹筛上，晾干表面水分。将晾干的肉片放置在40～50℃烘房中烘，烘至肉片发脆，按要求进行切制，形成成品。

五、食用注意

家山羊肉性热，阴虚火旺、发热、上火、口舌生疮、牙痛和咳吐黄痰等患者应少食家山羊肉。

五羊衔谷

很久以前，广州发生过一次大饥荒，人们已经几天没米下锅了，可是官老爷却像强盗一样，照旧向老百姓要粮食。

那时候，城里的山坡脚下住着父子二人，因为交不出粮食，父亲被抓走了，官老爷让少年三天之内把粮食交齐，不然就要他父亲的命。

这少年十分孝顺，但是没有一点办法救父亲，他急得痛哭失声，哭声感动了天上的五位仙人。仙人们骑着五只不同颜色的羊，拿着谷穗，来到了少年的家里。他们把谷穗交给少年，让他赶快把谷粒种进土里，明天天亮时，就能收获很多稻谷。他们还告诉少年，以后如果遇到困难，就到山坡脚下找他们，说完仙人们就不见了。少年按照仙人们的吩咐种下了谷粒，第二天果然收获了几大筐稻谷。

少年把稻谷如数交给了官府。官老爷简直不敢相信自己的眼睛，他感到很奇怪，就板起面孔追问这稻谷的来历。少年毕竟是个孩子，在官老爷威逼之下，只好如实相告。官老爷听后心中暗自盘算：如果把五个仙人抓到手，不就可以发大财了吗？于是，他释放了少年和他的父亲，马上命令差役去山坡脚下捉拿仙人们。

少年感到事情不妙，急忙跑到山坡脚下，告诉仙人们快快离开。仙人们点点头，感谢少年，然后告诉少年，快把剩下的谷粒撒到地里，这样官府就抢不走了，老百姓就可以有吃的了。说话间，差役们到了，五位仙人腾空而起，差役们一点办法也没有。而仙人们带来的五只羊留在了草地上，差役们刚要去抓，五只羊却簇拥在一起，变成了一块大石头。

湖羊

羔羊之皮，素丝五纶。
退食自公，委蛇委蛇。
羔羊之革，素丝五緎。
委蛇委蛇，自公退食。
羔羊之缝，素丝五总。
委蛇委蛇，退食自公。

——《羔羊》
诗经

一、物种本源

种属名

湖羊，为偶蹄目、牛科、绵羊属驯养家畜，属于蒙古羊系，因其主要生长地区为太湖流域而得名，是我国特有的绵羊品种，亦是世界上稀有的白色羔皮羊品种。

形态特征

湖羊是人们在太湖平原地区饲养的一种占有重要地位的家畜，被评为我国一级保护地方畜禽品种。湖羊的皮毛呈白色，具有自然的波浪花纹，其羔皮被称为“中国的软宝石”，是世界上独特的白色羔皮。湖羊体型大小中等，公羊体重为40~50千克，母羊体重为35~45千克，体躯为扁长型。湖羊四肢细长，头颈狭长，耳朵较大且下垂，鼻梁隆起，公羊与母羊均无角，尾巴多呈扁圆形且尾尖上翘。湖羊羊皮质量好，且其肉质细腻，是一种十分优良的品种。

习性，生长环境

湖羊对环境的适应性特别强，不仅能在我国夏季闷热潮湿的江南地区进行圈养，还能在我国环境条件恶劣的新疆古尔班通古特沙漠边缘进行放牧养殖。湖羊性情温顺，容易管理，杂食，各种作物秸秆均可作为其食物，易于饲养。湖羊性成熟早，具有当年生、当年配、当年产羔的特点，同时全年发情，终年可配种，且每胎产多只羊羔，年产羔率高。湖羊分泌乳汁较多，幼羔生长发育速度很快，6个月时的体重就可为成年羊体重的80%以上，且湖羊肉质鲜嫩、多汁、膻味小、口感好，因此可作为肥羔生产。湖羊具有耐高温等特点，因此非常适合在南方地区饲养，主要产地为浙江嘉兴与太湖地区，分布于太湖流域的浙江、江苏和上海部分地区。

二、营养及成分

每100克湖羊肉的主要营养成分见下表所列。

成分	含量
干物质	24.7克
粗蛋白质	21.4克
谷氨酸	3.6克
粗脂肪	2.1克
天冬氨酸	2.0克
赖氨酸	2.0克
亮氨酸	1.8克
总脂肪酸	1.6克
精氨酸	1.3克
丙氨酸	1.3克
粗灰分	1.1克
缬氨酸	1.1克
不饱和脂肪酸	1.0克
异亮氨酸	1.0克
苏氨酸	1.0克
丝氨酸	1.0克
甘氨酸	1.0克
苯丙氨酸	0.9克
酪氨酸	0.7克
组氨酸	0.7克
脯氨酸	0.6克
饱和脂肪酸	0.6克
蛋氨酸	0.5克
胱氨酸	0.2克

三、食材功能

性味 味甘，性温。

归经 归脾、肾经。

功能 “人参补气，羊肉则善补形”，湖羊肉历来被人们当作冬季进补的重要食品之一，被认为与人参有同等效果。中医认为，湖羊肉既可用于食补，又可用于食疗，为优良的强壮祛疾食品，有益气补虚、温中暖下、补肾壮阳、生肌健力、抵御风寒之功效。

湖羊肉

四、烹饪与加工

羊肉饺子

（1）原料：以羊肋排肉品质为最佳，盐、植物油、姜、葱、花椒、白菜、生抽、味精等。

（2）做法：用温水泡花椒水，将葱、姜切末，在剁羊肉馅时把葱末、姜末、花椒水放入肉馅中共同剁馅。将白菜切碎，把肉馅调好后加入一定比例的白菜碎。然后将白菜碎和羊肉馅调拌均匀。调配好的水饺馅呈糨糊状。拌水饺馅的调料一般为盐、生抽、味精、植物油等。馅调好后即可包成饺子。

盐焗羊腿

（1）材料：羊腿1只，粗盐、孜然、辣椒粉、植物油等。

（2）做法：把羊腿洗净，沥干水分。用叉子在羊腿上插一些小孔，以便入味。把粗盐均匀地抹在羊腿上。向羊腿上洒适量孜然和辣椒粉后揉匀。放入冰箱中冷藏5个小时。烤箱预热200℃。把腌制好的羊腿用锡纸包好，放进烤箱中。大约烤20分钟后，翻面再烤40分钟左右。去除锡纸，于羊腿上刷一层植物油。继续入烤箱烤，中间翻几次面，烤熟后取出即可。

五、食用注意

（1）由于羊肉夹杂着病菌和寄生虫，吃涮羊肉时要选卫生质量经检验机构检验合格的羊肉片，并涮熟透。

（2）羊肉温热而助阳，一次不要吃得太多。

涮羊肉的起源

传说涮羊肉在我国起源于元代。元世祖忽必烈统帅大军南下远征，经过多次战斗，人困马乏，饥肠辘辘。忽必烈猛地想起家乡的菜肴——清炖羊肉，于是吩咐部下宰羊烧火。

正当伙夫宰羊割肉时，探子突然气喘吁吁地飞奔进帐，禀告敌军大队人马正追赶而来。一心等着吃羊肉的忽必烈一面下令部队开拔，一面喊："羊肉！羊肉！"清炖羊肉当然是等不及了，怎么办呢？厨师见忽必烈大步向火灶走来，便急中生智，飞快地切了几十片薄肉，放在沸水中搅拌了几下，待肉色一变，马上捞入碗中，撒上细盐、葱花和姜末，双手捧给忽必烈。忽必烈手抓肉片接连吃了几碗后，翻身上马，率军迎敌，结果马到成功，生擒敌将。

在筹办庆功酒宴时，忽必烈特别点了战前吃的那道羊肉片。这回厨师精选了优质绵羊腿部的"大三叉"以及"上脑"等部位的嫩肉，将其切成均匀的薄片，再配上麻酱、腐乳、辣椒、韭菜花等多种佐料，涮后羊肉鲜嫩无比，将帅们吃后赞不绝口。

厨师见忽必烈高兴，忙上前说道："此菜尚无名称，请主帅赐名。"忽必烈一边涮着羊肉片，一边笑着答道："我看就叫涮羊肉吧，众位将军以为如何？"

从此，涮羊肉成了宫廷里的佳肴，直到清光绪年间，北京"东来顺"羊肉馆的老掌柜买通了太监，才偷出了涮羊肉的佐料配方，使涮羊肉逐渐走向民间。

吐鲁番黑羊

党家风味足肥羊，绮阁留人漫较量。
万羊亦是男儿事，莫学狂夫取次尝。

——《八分羊》（唐）史凤

一、物种本源

种属名

吐鲁番黑羊，为偶蹄目、牛科、绵羊属驯养家畜，俗称“托克逊黑羊”，是今新疆维吾尔自治区吐鲁番市托克逊县农牧民经过上百年的时间，在生产生活中所选育出的地方优良肉用型绵羊品种。

形态特征

吐鲁番黑羊毛色奇特，出生时全身乌黑，后随着年龄的增长，部分羊毛色有所变化，但其毛的根部依然呈黑色。皮肤呈白色，舌头呈灰青色。吐鲁番黑羊体型大小中等，一般公羊比母羊大，公羊体重约62千克，体高约75厘米，体长约61厘米；母羊体重约40千克，体高约66厘米，体长约58厘米。其前躯发育一般，后躯较发达，四肢较高且结实，蹄质坚硬。头大小中等、窄长，较清秀，耳较大且下垂，鼻梁隆起。公羊具有较大的螺旋形角，母羊无角。

习性，生长环境

吐鲁番黑羊最早产于新疆维吾尔自治区吐鲁番市托克逊县，这里夏季酷热（地面温度76~80℃），冬季严寒（最低气温达-28℃），昼夜温差大，四季多风沙，是典型的盆地气候。在这种严酷的自然气候条件下，吐鲁番黑羊形成了既能适应夏季42℃以上的高温，又能适应冬季-20℃以下的低温和多风沙的吐鲁番盆地气候的生活习性。在35℃以上炎热和8级大风情况下吐鲁番黑羊依然能够采食，表现出生长迅速、生命力强、极耐粗饲、采食能力强等特点，适合粗放的喂养和放牧。现吐鲁番黑羊产地范围为新疆维吾尔自治区吐鲁番市二堡乡、三堡乡等。

二、营养及成分

吐鲁番黑羊是我国优良的绵羊遗传品种资源，肉质细腻、香味浓郁，富含蛋白质、维生素等营养成分。每100克吐鲁番黑羊肉的主要营养成分见下表所列。

成分	含量
干物质	25.2克
粗蛋白	18.5克
粗脂肪	6.5克
谷氨酸	2.7克
粗灰分	2.2克
膳食纤维	2.2克
赖氨酸	1.6克
天冬氨酸	1.5克
亮氨酸	1.4克
精氨酸	1.1克
丙氨酸	1克
缬氨酸	0.8克
异亮氨酸	0.8克
苏氨酸	0.8克
苯丙氨酸	0.8克
甘氨酸	0.8克
丝氨酸	0.7克
脯氨酸	0.7克
蛋氨酸	0.6克
组氨酸	0.6克
络氨酸	0.6克
胱氨酸	0.3克

成分	含量
磷	196毫克
胆固醇	54.4毫克
锌	19毫克
维生素E	7.4毫克
维生素C	6.6毫克
钙	5毫克
铁	1.7毫克
铜	0.8毫克
维生素B_2	0.5毫克
锰	0.1毫克
维生素A	0.1毫克

三、食材功能

性味 味甘，性温。

归经 归脾、肾经。

功能

（1）吐鲁番黑羊肉富含铁元素，对促进人体造血有显著功效，能促进血液循环，增强体质，提高人体御寒能力。此外，食用吐鲁番黑羊肉对血冷不孕者也有一定的调理作用。

（2）吐鲁番黑羊肉中含有多种氨基酸和矿物质，能提高人体细胞活性，对延缓衰老也有一定的好处。

四、烹饪与加工

吐鲁番黑羊膘肥、皮薄、肉嫩、无膻味且皮下脂肪适中，羊肉肥而不腻，营养滋补，是一种珍稀的肉用型地方羊品种。清蒸、炖煮、烧烤等烹饪方式均适用，尤其是生长6个月左右的吐鲁番黑羊，因其脂肪与胆固醇含量低，深受广大消费者喜爱。

手抓黑羊肉

（1）材料：羊腿或羊排，姜、盐、八角、桂皮、香叶、小茴香等。

（2）做法：将羊腿剔骨或羊排放入冷水中浸泡3小时以去除血水。在锅里加入足量的水，放入羊肉和腿骨或羊排、姜、八角、桂皮、香叶、小茴香。大火煮沸撇去浮沫，转小火炖熟后加适量盐，关火焖1小时。捞出切块，装盘，摆上调味料。

手抓黑羊肉

羊肉罐头

原料预处理（选择现宰杀的新鲜带骨羊肉，清洗干净）→浸渍羊肉（将清洗干净的羊肉放入混合浸渍调料中浸渍20～24小时）→蒸煮（将浸渍后的羊肉取出，蒸煮10～15分钟，然后捞出切块）→红烧（将切块的羊肉进行红烧）→杀菌封装（将红烧后的羊肉取出，晾凉、杀菌后进行充氮封装）。

五、食用注意

吐鲁番黑羊肉不能过量食用。过量食用吐鲁番黑羊肉对热性气质者有害。

羊在民间的种种传说

旧时汉族民间有“送羊”的风俗，这一风俗流行于河北南部地区。每年农历六月或七月，外祖父、舅舅给小外孙、小外甥送羊，原先是送活羊，后来改送面羊。传说此风俗与沉香劈山救母有关。沉香劈开华山救出生母后，要杀死虐待其母的舅舅杨二郎，杨二郎为重修兄妹之好，每年给沉香送一对活羊（“羊”与“杨”谐音），从而留下了送羊之风俗。

另外，民间以每月初六、初九为羊日，青海藏民此日禁止抓羊。山东、湖北、江西则有谚语：“六月六日阴，牛羊贵如金。”

哈萨克族、蒙古族、塔吉克族等民族流行“叼羊”的马上游戏。在喜庆的日子里，人们在几百米外放一只羊，骑手们分成几队准备抢夺。抢到羊的青年骑手持羊从马队中冲出来，后面的人紧紧追随，其中有人配合争夺羊，也有人保护羊，以“叼羊”到终点者为胜，取得胜利的人，当场把羊烧熟，然后大家一起享用。

西藏羊

长髯主簿有佳名，羵首柔毛似雪明。
牵引驾车如卫玠，叱教起石羡初平。
出都不失成君义，跪乳能知报母情。
千载匈奴多牧养，坚持苦节汉苏卿。

——《咏羊》（南宋）文天祥

一、物种本源

种属名

西藏羊为偶蹄目、牛科、绵羊属驯养家畜，又称“藏羊”或“藏系羊”。

形态特征

西藏羊是我国古老的绵羊品种，数量多，分布广，原产于西藏高原，是我国三大粗毛绵羊品种之一。根据地形、地貌、草地类型、水热条件、绵羊特性等情况，将西藏羊分为草地型（高原型）西藏羊和山谷型西藏羊两大类型。草地型西藏羊体躯被毛以白色为主，以体躯白色，头、肢杂色者居多，体型高大，体重约49.8千克，体高约68.3厘米，体长约74.8厘米，体质结实，四肢较长而粗壮，蹄质坚实。公羊、母羊均有角，公羊角长而粗壮，呈螺旋状向左右平伸；母羊角比较细而且短，多数呈螺旋状向外上方斜伸。头呈长三角形，鼻梁隆起，耳大，前胸开阔，背腰平直，扁锥形短尾。山谷型西藏羊体格小，体躯呈圆桶状，被毛主要呈白色、黑色和花色。头呈三角形，鼻梁隆起，公羊多有角，角短小，向上向后弯；母羊多无角，偶有小钉角。山谷型西藏羊具有圆锥形小短尾。

习性，生长环境

西藏羊原产于青藏高原，主要分布在青藏高原腹地的西藏、青海地区，以及青藏高原边缘的川西北藏区、甘南藏区。草地型西藏羊产区地势高寒，海拔均在3500～5000米，多数地区气温平均在−1.9～6℃，无绝对无霜期，年降水量为300～800毫米，相对湿度为40%～70%，牧草生长期短，枯草期长，植被稀疏，覆盖度差。在这种环境条件下生长的羊，体格均较大，体躯被毛以白色为主，呈毛辫结构且长。羊毛光泽好，富有弹性。山谷型西藏羊产区海拔在1800～4000米，主要是高山峡谷地带，气候垂直变化明显，年平均气温为2.4～13℃，年降水量为500～800毫米。在这种环境条件下生长的山谷型西藏羊体格较小，四肢矫健有力，善于登山远牧。

二、营养及成分

西藏羊肉以营养丰富、口感柔滑、无膻味、鲜美多汁而闻名。每100克西藏羊肉的主要营养成分见下表所列。

成分	含量
干物质	27克
粗蛋白	22克
粗脂肪	3.2克
谷氨酸	3.2克
赖氨酸	2.2克
天冬氨酸	2克
亮氨酸	1.8克
精氨酸	1.4克
饱和脂肪酸	1.4克
单不饱和脂肪酸	1.3克
丙氨酸	1.3克
苯丙氨酸	1.2克
苏氨酸	1.1克
缬氨酸	1克
异亮氨酸	0.9克
甘氨酸	0.9克
丝氨酸	0.9克
组氨酸	0.7克
络氨酸	0.7克
脯氨酸	0.7克

成分	含量
总糖	0.5克
色氨酸	0.3克
蛋氨酸	0.3克
胱氨酸	0.2克
多不饱和脂肪酸	0.2克
胆固醇	30.8毫克
镁	24.2毫克
钙	3.9毫克
硒	2.9毫克
锌	2.7毫克
铁	2.2毫克

三、食材功能

性味 味甘，性温。

归经 归脾、肾经。

功能

（1）美容。西藏羊肉中含有丰富的维生素，还含有一些胶原蛋白，人们食用后可以滋养皮肤，促进皮肤细胞代谢与再生，增加皮肤弹性，减少皱纹生成。

（2）补血。西藏羊肉中含有的微量元素较多，其中铁元素是人体红细胞再生时必需的一种营养成分。食用西藏羊肉以后，可以提高人体的造血能力，起到明显的补血作用。

四、烹饪与加工

冬瓜炖羊肉

（1）材料：冬瓜250克，羊肉200克，香菜、香油、盐、胡椒粉、味精、葱、姜、花椒等。

（2）做法：将羊肉洗好之后切成小块，放在沸水中煮熟后，捞出晾至室温后备用。洗净冬瓜，随后去皮，切成薄片状，随后下锅煮熟，捞出晾干水分。准备好原材料之后，将羊肉汤继续烧开，等到沸腾后，逐步加入已经切好的羊肉、葱、姜、花椒、盐，炖至八成熟时放入冬瓜，将葱、姜拣出丢弃，加味精，撒胡椒粉，淋香油，出锅装盘，撒上香菜叶即可。

冬瓜炖羊肉

手抓羊肉

原料的选择与处理（采用新鲜或解冻后的西藏羊肉，去除表面的筋膜等，顺着纤维切成小肉块）→腌制（将处理好的羊肉放入滚揉机的罐体中，加入熬制好的汤汁。滚揉罐的转速是13转 / 分钟，真空度为0.1兆帕，滚揉温度为4~8℃。滚揉30分钟后静置30分钟，总共滚揉8次）→干燥、蒸煮、干燥［将真空滚揉之后的羊肉块整齐地放到盘车上，将盘车推入烟熏蒸煮炉（温度为51℃，湿度为65%）中蒸煮30分钟；再在82℃的条件下进行蒸煮（30~40分钟）；最后在50℃、65%湿度的条件下干燥10分钟］→冷却、包装和灭菌：经过熟制工艺后将羊肉推到冷却间进行预冷，当羊肉的中心温度降为20℃以下时，进行真空包装→对真空包装好的羊肉制品进行巴氏杀菌或高温灭菌。

腊羊肉

腊羊肉

（1）材料：西藏羊肉、盐、花椒、八角、柠檬汁、姜、白砂糖、胡椒、桂皮、料酒、孜然等。

（2）做法：选择新鲜西藏羊肉，剔除其脂肪膜和筋膜，切成长条状。将调匀的配料均匀地涂抹在肉条表面，入缸腌制3天左右，中途翻动1～2次。将腌制好的羊肉取出，用清水洗去配料（也可不洗去配料），将其放置在烘房烘至干硬为止，或放在阴凉处风干。

五、食用注意

有内热者不应多食西藏羊肉。西藏羊肉性温热，有内热者食用将会加重内热，导致继发病变。

羊肉泡馍的来历

相传，赵匡胤未得志时曾流落长安街头，因生活紧迫吃不起羊肉，只能求羊肉铺老板给些羊肉汤以浇泡老的、干的面食充饥。他称帝后，回味起当年的羊肉汤泡馍，觉得甚是美味，便命羊肉铺老板给他做。羊肉铺老板不知如何是好，泡烂的馍怎么给皇帝吃？于是羊肉铺老板急中生智，用死面烙成不全熟的饼，细心掰碎，用肉汤大火烹煮，然后放上精心切好的煮熟的羊肉片，端给皇上，果然博得了赵匡胤的喜爱，当即被赐银百两。从此，羊肉泡馍名扬天下。

蒙古羊

苏武魂销汉使前，古祠高树两茫然。
云边雁断胡天月，陇上羊归塞草烟。
回日楼台非甲帐，去时冠剑是丁年。
茂陵不见封侯印，空向秋波哭逝川。

——《苏武庙》（唐）温庭筠

一、物种本源

种属名

蒙古羊为偶蹄目、牛科、羊属驯养家畜。

形态特征

蒙古羊体躯被毛呈白色，头部、眼圈、嘴部多为棕色或浅褐色。蒙古羊体躯稍长，躯体挺拔，体质结实，骨骼健壮，肌肉分布明显，四肢细长而强健，运动速度快。头形略显狭长，鼻梁隆起，耳大下垂，公羊多有角，母羊多无角，而农区饲养的蒙古羊中，公、母羊均无角。颈长短适中，背腰平直，尾巴短而大，脂肪贮存能力强，属于脂尾型绵羊。

习性，生长环境

蒙古羊原产于蒙古高原，主要来自内蒙古自治区，大面积分布于内蒙古自治区的锡林郭勒盟等地区，现东北、华北和西北等地也有分布，是我国三大粗毛羊品种之一，分布广，数量多，为我国绵羊业的主要基础品种。蒙古羊的产区地处温带，为典型的大陆性气候，温差大，冬季严寒漫长，夏季温热且短，日照时间较长，热量从东北向西南递增。草场类型自东北向西南随气候、土壤等因素而变化，由森林、草甸、典型荒漠草原而过渡到荒漠。在这些环境下，蒙古羊形成了体质结实、耐寒、耐旱、抵抗外界环境变化能力强、生命力强等特点，具有优秀的放养采食和育肥增膘能力，以及放牧饲养和圈舍喂养等优势，可适应北方的四季环境变化，并有较好的产肉、产脂性能。

二、营养及成分

蒙古羊是我国优良的绵羊遗传品种资源，肉质细腻，同时富含矿物质、氨基酸、脂肪酸等营养成分，是一种优质的食用肉类。每100克蒙古羊肉的主要营养成分见下表所列。

成分	含量
干物质	35.6克
粗蛋白	20.1克
非必需氨基酸	8.3克
必需氨基酸	7.9克
粗灰分	5.3克
粗脂肪	3.2克
钙	18.8毫克
锌	12.6毫克
铁	6.7毫克
磷	0.9克

三、食材功能

性味 味甘，性温。

归经 归脾、肾经。

功能

（1）蒙古羊肉对肺结核、气管炎、肺气肿、哮喘、贫血、产后和病后气血两虚及一切虚寒症均有很大裨益。

（2）蒙古羊肉具有补肾壮阳、补虚温中等作用，适合腰膝酸软、阳痿早泄男士食用。

四、烹饪与加工

孜然羊肉

（1）材料：羊肉300克，料酒、五香粉、葱、姜、蒜、植物油、生抽、盐、白砂糖、花椒、大料、香菜、孜然、辣椒面、熟芝麻、白酒等。

（2）做法：把羊肉切片，放入适量的五香粉、料酒腌制5分钟。锅中烧油，下入花椒、大料炒香，捞出备用。下入葱、姜爆香，再下入腌好的羊肉，炒至变色，加入白砂糖、生抽、少量的白酒。待汤汁收少时下入孜然。汤汁收干后下入熟芝麻和辣椒面。加入盐和蒜片，下入香菜翻拌均匀后即可出锅。

孜然羊肉

红烧羊肉

（1）材料：羊肉800克，花椒、葱、冰糖、蒜、姜、香叶、桂皮、八角、料酒、豆瓣酱、生抽、老抽、草果、干辣椒、蒜苗、植物油等。

（2）做法：把羊肉洗净，切成块。锅中烧水，下入羊肉煮5分钟，捞出备用。锅中烧油，下入花椒、葱、姜和蒜爆香。下入羊肉，炒至羊肉微微金黄。下入豆瓣酱、料酒、生抽、老抽和冰糖炒匀。锅中加水，放入香叶、八角、桂皮、草果和干辣椒，用大火煮开，转中火焖熟，盛出摆盘即可。

红烧羊肉

羊肉香肠

（1）材料：羊肉、调味品（盐、白砂糖、味精等）、香辛料（葱、姜、蒜、大料、胡椒等）、品质改良剂（卡拉胶、维生素C等）、猪肠衣或羊肠衣、粗线等。

（2）做法：选择卫生质量经检验机构检验合格、新鲜或冷冻的羊肉，剔除其筋膜、筋腱等，用绞肉机绞碎成肉丁。将羊肉与调味品、香辛料和品质改良剂快速拌匀；将拌匀的肉馅放于4～10℃条件下腌制24小时左右。用猪肠衣或羊肠衣将羊肉灌装后，用粗线将其扎成10厘米左右长的小段。将其吊挂在太阳光下晒制5～7天，或在烤房内于50～65℃条件下烤制，若制作熏肠，可将香肠吊挂在烟熏房内，温度设为65℃，烟熏24小时左右。

五、食用注意

（1）吃过蒙古羊肉后，最好不要食用性寒的食物，否则会降低蒙古羊肉的温补作用，同时也会对脾、胃等重要器官造成一定的损伤。

（2）不宜多食，否则易生热。

蒲松龄的幽默

有一次，朋友请蒲松龄去赴宴。宴席十分丰盛，可是有位客人吃起来旁若无人，真如风卷残云。不一会儿，那位客人就吃光了很多菜肴。

蒲松龄见了，笑笑，问那位客人："你是哪一年生的？属什么？"

他说："我是属羊的。"

蒲松龄出了一口长气，说道："幸亏你是属羊的，如果你是属虎的，我得赶紧走，我怕你把我也吃了。"

畜养骆驼

落景孤云共，清商戍角和。
苍烟淡伊洛，白露湿关河。
牧马随鸿雁，行人击骆驼。
暮年余习在，犹欲听边歌。

——《登北楼》
（北宋）吴则礼

一、物种本源

种属名

骆驼，为偶蹄目、胼足亚目、骆驼科、骆驼属的驯养家畜，被人们称为“沙漠之舟”。

形态特征

骆驼的体型高大，长约3米，高约2米，四肢较长，身上被有褐色的体毛，皮毛厚实，在冬季有利于其保持体温。骆驼头小，脖子粗且长，弯曲如鹅颈；上嘴唇分裂，有利于取食；眼睛有双重睑和长睫毛，有助于防止风沙进入眼睛；鼻孔能够自由关闭，耳朵里有毛，均能阻挡风沙的进入。骆驼的蹄子有两趾，蹄子较大且蹄下有又软又厚的垫子，这有利于骆驼在沙地中自由行走而不会陷入沙中。尾巴细长，末端有丛毛。背有1~2个较大的驼峰，驼峰内贮藏有脂肪，具有1个驼峰的骆驼叫单峰驼，具有2个驼峰的骆驼叫双峰驼。

习性，生长环境

骆驼由于其特殊的身体结构特点，特别能够忍受饥渴。骆驼每次喝足水后，能在无水的环境中存活2周，在没有食物的条件下可存活一个月之久，这是因为其胃部的小泡提供了大量水分，而驼峰中贮存的脂肪可以提供营养。骆驼性情温顺，机警顽强，反应灵敏，奔跑速度较快且有持久性，以粗草和灌木为食，它是沙漠地区人们不可或缺的交通工具、劳作工具，也是沙漠地区人们不可或缺的伙伴。骆驼主要生活于夏季炎热、冬季极度寒冷的戈壁荒漠地带，因此形成了耐粗饲、耐炎热、耐寒冷等特点。目前单峰驼主要分布于印度、苏丹、索马里等国家；双峰驼主要分布于澳大利亚等国家，在我国主要分布于新疆、甘肃和内蒙古等。

二、营养及成分

骆驼肉中含有大量蛋白质、维生素和矿物质等，是一种鲜嫩味美、营养均衡、十分优质的易被人体消化吸收的有机肉质食物来源。每100克新鲜骆驼肉的主要营养成分见下表所列。

成分	含量
干物质	25克
镁	24克
粗蛋白	21克
锌	3.8克
粗脂肪	2.5克
维生素C	2.1克
粗灰分	1克
钾	310毫克
磷	196克
钠	18.8毫克
铜	18.8毫克
锰	12.6毫克
钙	11毫克
铁	3.8毫克
维生素B_2	0.6毫克
维生素B_1	0.3毫克
维生素E	0.3毫克

三、食材功能

性味 味甘，性温。

归经 归肝、肾、脾经。

功能

（1）补血益气。食用骆驼肉可以调节皮肤中的水分含量和皮肤的光滑程度，适用于一些皮肤暗黄和手脚冰冷的人群。

（2）强筋壮骨。骆驼肉中含有多种氨基酸，这些氨基酸具有强筋和改善腰膝酸软的功能。

（3）安神除烦。骆驼肉中含有的碳水化合物等营养物质可以补充大脑消耗的葡萄糖，并能缓解沮丧情绪等。

（4）利尿消肿。食用骆驼肉可以促进机体的新陈代谢。

骆驼肉

四、烹饪与加工

红煨骆驼肉

（1）材料：骆驼肉、植物油、香油、料酒、生粉、盐、生抽、姜、八角等。

（2）做法：将骆驼肉用冷水洗净后切成大块，放入锅中煮至五成熟，捞出晾凉后切成小块。在锅中放入适量植物油烧热，放入切成小块的骆驼肉爆炒，爆炒过程中加入适量料酒和生抽，炒制骆驼肉八成熟时盛出备用。取大瓦钵1只，将翻炒后的骆驼肉倒在里面，倒入少量水，加入姜、八角，小火慢炖至骆驼肉软烂。将已经全部软烂的骆驼肉用生粉勾芡，加入适量盐，淋入香油即可出锅。

五香骆驼肉干

（1）材料：骆驼腱子肉、盐、料酒、生抽、老抽、姜、八角、胡椒、白砂糖等。

（2）做法：选用新鲜、卫生质量经检验机构检验合格的骆驼腱子肉，对其进行去皮、去脂肪等处理后切成大块，清洗干净晾干水分。将处理好的骆驼肉放入沸水中，加入适量料酒，煮1小时左右，捞出晾凉后切成长条状。在锅内放入适量的姜、八角、胡椒、白砂糖、生抽、老抽、盐，小火煮至汤汁快干时，捞出肉块，沥干水分。将煮好的骆驼肉放入烤箱（55℃）烘烤至熟，取出自然冷却至室温即可。

五香骆驼肉干

红酒炖骆驼肉

（1）材料：骆驼肉、土豆、红酒、鸡汤、蒜、植物油、月桂叶、百里香等。

（2）做法：将骆驼肉用冷水洗净后切成块状。将蒜洗净切碎，同时将土豆切成块状备用。将油锅预热，加入植物油、蒜、骆驼肉进行爆炒。等爆炒一段时间后，在锅中加入少量红酒、已经准备好的鸡汤及切好的土豆块，加入月桂叶、百里香，小火慢炖一段时间即可。

五、食用注意

（1）骆驼肉性温，皮肤病患者应少食。

（2）骆驼中的骆驼脂不适于患高血脂的病人食用，否则会加重病情。

乡下人识骆驼蹄

有个乡下人进城，看见有卖熟骆驼蹄的，很是好奇，便停下来观看。卖骆驼蹄的人欺负乡下人不识货，便嘲笑他说：“你要是认识这是什么，我就白送你几个吃。”乡下人暗自镇定，大笑着说：“难道我连这个东西也不认得？不过是三个字而已。”

卖蹄人以为他确实知道，说：“是的，是三个字，你且说说看，第一个字是什么？”乡下人随意地说：“落。”卖蹄人一听，只好垂头丧气认输，免费让乡下人吃了几个骆驼蹄。等对方吃完，卖蹄人说：“我只是有些不甘心，你把那三个字都说出来吧！”乡下人不假思索地说：“落花生。”

畜养马

金络青骢白玉鞍，长鞭紫陌野游盘。
朝驱东道尘恒灭，暮到河源日未阑。
汗血每随边地苦，蹄伤不惮陇阴寒。
君能一饮长城窟，为报天山行路难。

——《骢马》（唐）万楚

一、物种本源

种属名

马，为奇蹄目、马科、马属，是一种草食性驯养家畜。

形态特征

马的体格健壮，体型匀称，拥有较长的四肢，有蹄，四肢特化程度很高。马有很多种类，重型品种体重可以达到1200千克，高度可以达到2米；小型品种体重不到200千克，高度不到1米。马头面平直而偏长，耳短。四肢长，骨骼坚实，肌肉发达，蹄质坚硬，能在坚硬地面上奔跑。马的毛色十分多样，以红、青和黑色居多，也有白色皮毛种类。马一年会换两次体毛，分别在春、秋两季。

习性，生长环境

马是草食性动物，其食物主要是草。马多为群居，被人类驯化之后，由于文化和社会发展的需要，在漫长的历史进程中，马被赋予了多种用途，例如农业、餐饮、交通、军事以及运动等。马的汗腺十分发达，有利于高温情况下调节自身体温，并且不畏惧酷暑，非常容易被喂养。其胸廓较深，具有强大的心肺功能，适于长距离奔跑和强烈的劳动。马的两只眼睛距离较大，焦距调节力弱，因此对距离的判断和对500米以外物体的辨别能力差，但能够辨别近距离物体的形状和颜色，同时其眼底视网膜外层有一层照膜，感

马　肉

光力强，在夜间也能看到周围的物体。马的胆子很小，容易受惊，但其记忆力很好，易于调教。马对环境的适应性强，广泛分布于世界各地。

二、营养及成分

马肉是一种营养丰富、口味独特的中华传统食材，具有肉质柔软、脂肪和胆固醇含量低、蛋白质含量高等优点。特别值得一提的是，马肉中含有大量的糖原，这些糖原赋予了马肉特殊的风味。每100克马肉的主要营养成分见下表所列。

成分	含量
干物质	24.4克
粗蛋白	20.3克
非必需氨基酸	12.2克
必需氨基酸	7.7克
粗脂肪	2.2克
糖原	2克
粗灰分	1.2克
饱和脂肪酸	0.9克
单不饱和脂肪酸	0.6克
多不饱和脂肪酸	0.6克
油酸	0.5克
亚油酸	0.4克

三、食材功能

性味 味甘、酸，性寒。

归经 归肝、脾经。

功能

近代对马肉进行的研究证实，马肉含有多种氨基酸、不饱和脂肪酸、矿物质元素、维生素等营养成分，因此其在扩张血管、促进血液循环、缓解胆固醇的附着、降低血压、增强人体免疫力、防止贫血和保肝护肝等方面具有一定的作用，老年人长期食用马肉可预防动脉硬化、心肌梗死、高血压等症。

四、烹饪与加工

马肉纳仁

（1）材料：腌制风干的马肉、盐、料酒、葱、洋葱、面条等。

（2）做法：将腌制风干的马肉用清水浸泡后洗净，锅中放清水，从冷水开始煮，加少许料酒。大火煮肉，撇去浮沫，随后转成小火至马肉煮熟，将肉捞出备用。盛取部分煮马肉的汤汁放入另一个锅内，加入切好的葱煮一会儿，再加入洋葱煮几分钟，加入适量盐即为纳仁汤。在剩余的煮马肉的汤内加入适量水，水烧开后加入面条，煮好后捞入盘内，加入煮好的纳仁汤，将马肉切块放在面上，撒上洋葱碎即可。

马肉纳仁

红烧马肉的做法

（1）材料：马肉、白砂糖、植物油、葱、姜片、盐、八角、桂皮等。

（2）做法：锅中放水，将马肉切成均等大小的方块，放入锅中，随后用小火慢炖，随后捞出放入冷水中。等待油锅烧开，放入白砂糖，待烧至浓稠，将肉放入油锅中，再加入少量调味品，用小火蒸煮，随后即可食用。

马肉在国际市场上盛销不衰，在食用方式上许多国家和民族除喜欢吃鲜马肉外，还习惯将马肉制成多种多样的加工制品，为了满足市场的多样化需求，下面列举一些马肉加工制品作为参考。

① 马肉肠类：马肉火腿肠、马肉灌肠、马肉小红肠等。

② 马肉干制品：如马肉干、马肉脯、马肉松、马肉柳、陈皮马肉等。

③ 经腌腊、酱卤、熏烤、油炸等手段制成的各种风味的马肉制品。

五、食用注意

选购马肉时，摸一下马肉是否有弹性，并观察一下马肉的光泽度，不新鲜的马肉不要购买，更不要食用。

唐玄宗偏爱马舞

在唐朝，马舞发展到了鼎盛时期，据说唐玄宗与杨贵妃尤其偏爱女子马舞。唐宫设有男、女马技队，马技队中饲养了大量舞马。每年8月5日前后便是马舞高潮期，舞马场上马舞通宵达旦，经长期训练的马可闻乐起舞。后来，从唐朝章怀太子墓中发掘出了“马球图”。该图中有20多匹马，骑者均穿各色窄袖袍，着黑靴，相互策马抢球。

畜养驴

落絮飞花又满城，年光大半付春酲。
蹇驴闲后诗情减，阵马抛来髀肉生。
少日雕虫真小技，暮年画饼更虚名。
囊中幸有黄庭在，安得高人与细评？

——《春晚》（南宋）陆游

一、物种本源

种属名

驴，为奇蹄目、马科、马属驯养家畜，和马同科、同属，但不同种，它们有共同的起源，但驴的体型和马相比更加矮小，又名“二驴”。

形态特征

驴和马形态很类似，其体色一般呈灰褐色，但由于身体较马瘦弱，无法和马一样快速奔跑。驴的体长较短，其身高和身长大体相等。驴的胸部窄，四肢略细，头比较大，且具有较长的如长矛矛头般的耳朵，蹄子小而坚实，驴尾有长毛。

习性，生长环境

我国养驴历史悠久，驴的分布范围广，品种较多，其中关中驴、泌阳驴、广灵驴、德州驴、新疆驴是我国五大优良驴种。不同环境中分布着不同品种的驴，如关中驴、德州驴等主要分布在农业发达、饲养条件优越的中部平原、丘陵地区，新疆驴主要生活于干旱沙漠地区，凉州驴分布于干旱半荒漠地区，滚沙驴分布于高寒沙地等。不同品种的驴能适应的环境不同，如新疆驴耐粗饲，适应性强，能忍耐吐鲁番盆地夏季的酷暑炎热，也能适应高寒牧区冬季–40℃的严寒，能在马、牛等牲畜不能利用的草场上放牧。而肉用驴适应性广，耐热耐渴，饮水量少，耐寒性差，在干热地区分布较多，但不适宜在高寒山区及严寒、潮湿地区生活。总的来说，驴很健壮，抵抗力强，不易生病，而且性情温顺，方便驯养，便于使役，经常被用来搬运一些重物和拉车。

二、营养及成分

驴肉含有大量不饱和脂肪酸，特别是生物价值特高的亚油酸、亚麻酸，俗语有“天上龙肉，地下驴肉”“要长寿吃驴肉，要健康喝驴汤”，均说明驴肉具有很高的营养价值。驴皮是熬制传统名贵中药阿胶的原料，其骨头、血液等经常被当作保健品或中药材，驴乳汁中脂肪与胆固醇含量低，具有极高的保健价值。在驴的役用价值逐渐消失后，它的肉用价值得到了更大的提高，也更加被人们重视。每100克驴肉的主要营养成分见下表所列。

成分	含量
干物质	26.2克
粗蛋白	21.5克
非必需氨基酸	9.2克
必需氨基酸	8.6克
粗脂肪	3.2克
脂肪酸	2.9克
饱和脂肪酸	1.2克
单不饱和脂肪酸	1.1克
粗灰分	1.1克
多不饱和脂肪酸	0.6克
碳水化合物	0.4克
钾	300毫克
磷	180毫克
胆固醇	74毫克
钠	50毫克
镁	15毫克
铁	6毫克
锌	4毫克
钙	3毫克
维生素A	0.8毫克
铜	0.2毫克

三、食材功能

性味 味甘、酸，性平。

归经 归脾、胃经。

功能

（1）恢复体力。病人术后服用驴肉，营养可以得到很好的补充，因为驴肉中有很多的营养成分，如动物胶、骨胶原和钙、铁、锌等，这些都对强身健体有一定的功效。

（2）安神养血。驴肉的营养价值也体现在其有补气安神、养血去烦等功效。

（3）预防心血管疾病。驴肉中的蛋白质种类多，也是肉类食物中低脂肪、低胆固醇的典型蛋白质，对预防老年人的心血管疾病有很好的功效。

四、烹饪与加工

驴肉煲汤

（1）材料：驴肉300克，驴骨头200克，葱、香菜、香油、盐、其余调味料等。

（2）做法：将驴肉清洗干净，将葱和香菜切末。随后将调味料和驴肉一起放在锅中，开大火猛煮，之后放小火微煮，煮熟后捞出驴肉。将驴肉切片后放入汤汁中，再煮20~30分钟，撒上葱花、香菜和适量盐，滴上香油，即可食用。

五香驴肉

（1）材料：驴肉350克，陈皮、草果、香叶、桂皮、八角、丁香、生抽、老抽、盐、冰糖、味精等。

（2）做法：将已经切好的驴肉和上述调料一起清洗干净，放在一旁晾干。待锅中水烧开之后，放入驴肉以及准备好的各种调料，煮熟之后切片摆盘，撒上葱末和辣椒段即可食用。

五香驴肉

驴肉干

（1）材料：驴肉、配料包、调味料等。

（2）做法：选择新鲜、卫生质量经检验部门检验合格的驴肉清洗干净，切成大块（300克左右）放入锅中预煮30分钟左右，捞出切块（每块80克左右）备用。将配料包和调味料放入清水中用大火煮成卤汁，放入切好的驴肉块，大火煮熟，捞出放入烘箱（50～55℃）干燥（适度脱水）即可。

五、食用注意

痛风患者需要控制驴肉摄入量，多食容易使血尿酸含量升高，可能会诱发痛风。

张果老“倒骑毛驴”

自古以来，驴就是人类的朋友。由于驴的性情温顺，耐力又强，因此驴是农民非常喜欢的一种家畜。人们经常用它耕地、拉车、拉磨，驴可谓样样都行。驴又是方便而廉价的运输工具，可以载人，也可以用来驮货，不论是羊肠小道还是崎岖山路，驴都能胜任。

诸葛亮未出茅庐之前，骑的是驴；大诗人杜甫、著名地理学家徐霞客也都骑驴；宋代王安石致仕之后，住在钟山，经常骑驴出入市井；甚至八仙之一的张果老也“倒骑毛驴”。

张果老，原名张果，和吕洞宾、铁拐李、汉钟离、曹国舅、蓝采和、韩湘子、何仙姑并列为道教八仙。得道成仙后，张果因其年龄较大，被称为张果老。张果老有一个怪癖，就是平日爱倒骑一头毛驴，日行万里。据说此毛驴也是一匹“神驴”，不骑的时候，可以把它折叠起来，放进道情筒内。有长生不老之法的张果老为什么要倒骑毛驴呢？有文献记载，他少时家贫，遂拜师学习酿酒。在学习酿酒的过程中，他大病一场，病愈后还愿，在龙脊山的大方寺出家。后因偷食寺内老僧的仙参而成仙，而驴喝了参汤则成了“神驴”。张果老怕老僧追赶，索性倒骑毛驴望后而逃，从此云游四方。

家兔

玄兔月初明，澄辉照辽碣。
映云光暂隐，隔树花如缀。
魄满桂枝圆，轮亏镜彩缺。
临城却影散，带晕重围结。
驻跸俯九都，停观妖氛灭。

——《辽城望月》
（唐）李世民

一、物种本源

种属名

家兔，指的是兔形目中兔科、穴兔属的家畜，是由一种野生的穴兔经过驯化饲养而成的，一般俗称“兔子”。

形态特征

家兔体型有大（体重大于5千克）、中（体重为2~5千克）、小（体重小于2千克）之分。家兔毛色较多，有白、黑、灰、褐色等。家兔头部较长，嘴巴上唇有纵裂，是典型的三瓣嘴（豁嘴），三瓣嘴也是其典型特征。家兔的眼球呈圆形，颜色多样，有红、蓝、黑、灰色等各种颜色，因品种不同而不同，甚至同一只家兔的左右两只眼睛的颜色也可能会不一样。家兔的管状耳朵很长，耳朵长度可以达到宽度的数倍。尾巴短小且毛茸茸的，团起来像一个球。家兔拥有强健的后腿，而前肢较为短小，方便其跳跃。

习性，生长环境

家兔的分布地区极其广泛，在亚洲、非洲、美洲都有家兔，甚至在一些荒漠地区也存在着一些兔类。家兔在我国各地均有饲养。家兔以食草为主。家兔的听觉和嗅觉都很敏锐，但胆子很小，突然的喧闹声、陌生人或动物的惊扰都会使它惊慌失措、快速逃离，因此在饲养过程中应尽量避免发出引起家兔惊慌的声响，避免陌生人或其他动物惊扰家兔。

二、营养及成分

家兔肉营养丰富，具有蛋白质含量高、营养成分的消化利用率高、脂肪和胆固醇含量低等优点。每100克家兔肉的主要营养成分见下表所列。

成分	含量
干物质	24.3克
粗蛋白	21.2克
总氨基酸	18.5克
必需氨基酸	6.5克
粗脂肪	1.4克
粗灰分	1.2克
钾	134毫克
钠	49毫克
胆固醇	39.9毫克
镁	32毫克
钙	23毫克
锌	15毫克
维生素E	0.9毫克
铁	0.5毫克
维生素C	0.1毫克

三、食材功能

性味 味甘，性凉。

归经 归肝、大肠经。

兔 肉

功能

（1）加快新陈代谢速度。兔肉中含有较高水平的蛋白质，有利于人体蛋白质的补充，且食用后能强身健体，也有利于促进人体的新陈代谢。

（2）帮助消化。由于兔肉纤维细嫩，食用后人体容易消化和吸收，慢性胃炎、结肠炎等患者在患病期间食用后也容易消化吸收。兔肉对正常的人群也能起到一定的保健作用。

（3）美容。兔肉中富含多种维生素，能维持皮肤细胞活性和皮肤弹性，使肌肤细嫩光滑，因此具有美容作用。

四、烹饪与加工

桂花兔肉

（1）材料：兔肉150克，醋、植物油、苏打粉、盐、鸡蛋、料酒、味精、面粉、葱、白砂糖、桂花、姜、生抽等。

（2）做法：将准备好的兔肉除血以及清洗后，切成片状，并依据个人口味进行调味。用面粉包裹好。将油锅预热，加入植物油，烧至五成热时，在包裹着面粉的肉块上涂抹一定的鸡蛋液，放入油锅中炸至金黄色，不要炸糊即可。随后将葱、姜和已经炸过的兔肉片再放入油锅中进行爆炒，加入少量桂花进行调味以提升口感。

氽兔丸子

（1）材料：兔肉500克，鸡蛋、姜、香油、葱、味精、料酒、胡椒、淀粉、醋等。

（2）做法：将兔肉放置在温水中浸泡，随后用绞肉机将其绞成泥状备用。随后将各种调味料与已经制备好的兔肉泥混合搅拌均匀。然后用手（佩戴一次性手套）将材料挤成大小均匀的丸子。锅中的水烧开后，把丸子放入其中，氽一下，捞出，晾凉。做好的丸子可以作为配菜加入砂锅中，与其他菜类一起食用。

油爆兔肉

（1）材料：兔肉300克，植物油、花生仁、淀粉、鸡蛋、味精、盐、蒜、醋、香油、葱、姜、焙好的芝麻等。

（2）做法：将兔肉切成丁，放入瓷碗内，加蛋清、盐、淀粉、香油，搅拌均匀后上浆。花生仁用温水泡好，去净皮，放入油锅中，炸成金黄色捞出，入碗，撒少许盐拌匀。小碗内放入盐、味精、醋、淀粉、香油，勾兑成调味芡汁。炒锅烧热，放入植物油，油烧三成热时，放入兔肉丁散开滑透捞出，沥油。原炒锅留底油，下入葱末、蒜片、姜末炒至起香，放入兔肉丁、炸好的花生仁，加入兑好的调味芡汁，翻炒，撒上焙好的芝麻，即可出锅。

五、食用注意

（1）脾胃虚寒者不宜食用兔肉。

（2）呕吐、腹泻者忌食兔肉。

兔总是被狗撵的原因

有一天，王母娘娘想看看凡间的老百姓生活得怎么样，就变成一个讨饭的老婆婆下凡了。她来到一个村庄，见粮食堆得像山一样，遇到的人个个都红光满面，非常健壮，心中很高兴。但是，当她来到一户人家的门口时，听到院子里有一个小孩在啼哭，就停住了脚，只听院里女人高声喊道："别哭了，孩子，给你面墩，坐着玩吧。"

王母娘娘透过门缝一看，原来是女人用白面做了一个大墩子，让小孩坐在上面玩呢！王母娘娘非常生气，回到天宫便把这件事禀告给了玉皇大帝。玉皇大帝一听也很生气，当即招来天兵天将，吩咐道："下去把地里的庄稼穗都捋了。"

天兵天将得令，来到地里捋了起来。老牛是人类的朋友，站出来向天兵天将求情说："看在我的面子上，给天下苍生一条生路，给玉米留两穗吧，像我的角一样大就行。"

天兵天将只是奉令行事，乐得卖个人情，就说："行，看在你的面子上留两穗。如果天下百姓不勤劳，就只留一穗，像你的角一样大。"

这时，人类的另外一个朋友狗见老牛求情见效，也跑到正要到高粱和谷子地里捋庄稼的天兵天将面前说："求求你们，给我留点吃的吧。"

天兵天将答应了，就问它："给你留多少呢？"

"像我的尾巴这么大。"狗摇了摇尾巴。

"好吧。"

就这样，高粱和谷子只剩像狗尾巴那样大的穗了。

天兵天将又来到麦地，正要捋时，野地里一只兔子跑过来，说：“行行好，给我留一点儿吃的吧！”

天兵天将就问它：“给你留多少啊？”

兔子也摇了摇它的秃尾巴，说道：“就像我的尾巴这么大吧。”

结果，小麦就只剩下像兔子尾巴一样大的穗了。

老牛和狗在一旁听说后气坏了，因为兔子尾巴远没有牛角和狗尾巴大。牛身大体笨，对兔子无可奈何。狗却咽不下这口气，就去找兔子算账，见了它就咬。这笔账一直算了几千年，到今天还没算清呢！

肉兔

夜月丝千缕，秋风雪一团。
神游苍玉阙，身在烂银盘。
露下仙芝湿，香生月桂寒。
姮娥如可问，欲乞万年丹。

——《白兔》（明）谢承举

一、物种本源

种属名

肉兔是兔类的一种，为兔形目、兔科、兔属驯养家畜，也称“皮肉兔”。肉兔是除獭兔、长毛兔之外的一类兔，其毛相对稀疏、粗毛含量较高，除了其肉可食用，别无他用，故人们称之为肉兔。随着科技的发展，原先的肉兔除了供人们食用之外，其兔皮也可被制成多种皮制品。因此，现在称肉兔为皮肉兔。

形态特征

目前，我国人工养殖的肉兔有地方品种（如四川白兔）、培育品种（如哈尔滨大白兔）和一些引进品种（如新西兰白兔、伊拉肉兔、伊普吕肉兔）等。本文以四川白兔为例。四川白兔为小型皮肉兼用品种，属中国白兔，是在四川省分布较广的地方品种。四川白兔毛色多呈纯白色，间有胡麻色、黑色、黄色和黑白花色的个体。其体型小，体重为2.5~3.0千克，体长为40厘米。头型清秀，耳朵短小且较厚、直立，嘴巴较尖。腰背窄而平直，腹部紧凑有弹性，臀部欠丰满。四川白兔是我国珍贵的家兔地方品种遗传资源。

习性，生长环境

四川白兔是中国白兔从中原进入四川后，经过长期风土驯化及产区群众长时间自繁自养、精心选育后形成的地方品种。四川白兔主要分布于成都平原东北部。四川白兔具有性成熟早、繁殖性能好、年产胎次多的优点，同时适应性好、抗病力强、生长发育快、屠宰率高，耐粗饲、易饲养，肉质细嫩，体型小。四川白兔在野生时期养成的某些生活习性（如昼伏夜出、胆小怕惊等）至今仍保留着，因此在微暗有光的饲养环境中增重较快。

二、营养及成分

相比于其他常见畜禽肉，肉兔肉具有高蛋白、高赖氨酸、高卵磷脂、高消化率，低脂肪、低胆固醇、低尿酸、低热量的“四高四低”的典型营养特性，是老少皆宜的一种理想肉食品，被赋予“保健肉”“荤中之素”“美容肉”等美名。每100克四川白兔肉的主要营养成分见下表所列。

干物质	25克
粗蛋白	22.6克
谷氨酸	3.4克
膳食纤维	2.2克
苯丙氨酸	2克
天冬氨酸	2克
亮氨酸	1.9克
赖氨酸	1.6克
精氨酸	1.5克
粗脂肪	1.3克
丙氨酸	1.3克
粗灰分	1.2克
缬氨酸	1.1克
异亮氨酸	1克
苏氨酸	1克
甘氨酸	0.9克
丝氨酸	0.9克
络氨酸	0.8克
脯氨酸	0.8克
组氨酸	0.7克
蛋氨酸	0.6克

钠	421.7毫克
磷	242.9毫克
胆固醇	50.4毫克
钠	31.4毫克
钙	22.9毫克
锌	2毫克
铁	0.5毫克
铜	0.1毫克

三、食材功能

性味 味甘，性凉。

归经 归肝、大肠经。

功能

（1）健脑益智。肉兔肉中含有丰富的卵磷脂，是大脑和其他器官发育时不可缺少的物质，有健脑益智的功效。

（2）预防高血压。食用肉兔肉对血管壁有保护作用。

（3）抗衰老。肉兔肉兼有动物性食物和植物性食物的优点，若人们经常食用，既能增强体质，使肌肉丰满健壮，抗松弛衰老，又不会使身体发胖。

四、烹饪与加工

肉兔肉质细嫩，风味鲜美，营养丰富，尤其富含人体所需的多种氨基酸和维生素，可以被烹饪和加工成多种食品。

泡椒兔丁

（1）材料：兔肉、盐、鸡精、料酒、生抽、葱、姜、蒜、生粉、植物油、辣椒、泡椒、黄灯笼辣椒酱、花椒等。

（2）做法：将兔肉切成块，洗净、沥干水分后将其放入碗中，放入适量盐、鸡精、生抽、料酒、葱、姜，抓至起胶上劲后撒上适量生粉，搅拌均匀。锅中加水煮沸后放入兔肉，小火煮至断生，捞出晾凉备用。将锅洗净入油，放入泡椒丁和黄灯笼辣椒酱煸炒出香味，倒入葱、姜、蒜、辣椒粒翻炒，加入兔肉、生抽翻炒，加适量盐和鸡精调味。盛入盘中，撒上芝麻、葱花、花椒，锅中烧热油，淋在表面爆香即可。

泡椒兔丁

缠丝兔

缠丝兔是南方地区有名的兔肉加工品，目前在北方地区也有一定的市场潜能。

（1）材料：兔子、盐、姜、花椒、调料等。

（2）做法：将宰杀后的新鲜兔子洗净放入容器内，用盐、姜和花椒腌制。腌制好后取出兔子，将调料调成糨糊状并均匀地涂抹在兔子身体内外，然后用一根麻绳从兔子后腿向颈部方向缠绕，边缠边整形，最终兔子横放时像卧蚕，所以缠丝兔又称“蚕丝兔”。缠好后放于阴凉通风处晾晒1~3天即可。

五、食用注意

服用中药陈皮、半夏、苦参、甘草时，应忌食兔肉。

没得冠军的兔子

相传兔子和黄牛曾经是邻居，它俩相处得很好，互称兄弟。黄牛靠勤劳苦干度日，兔子以机灵能干为生，日子都过得不错。

有一天，善于长跑的兔子在黄牛面前炫耀道："我是动物世界中的长跑冠军，谁也跑不过我！"黄牛虚心向兔子求教长跑的绝招，兔子却骄傲地摇摇头说："长跑冠军得靠先天的素质，学是学不会的。再说，长跑得身轻体便，你这粗壮的身子，恐怕永远也跑不快。"

黄牛的心被兔子说得凉了半截，可心里不服气。从此，黄牛开始练习长跑，凭着一股坚韧不拔的牛劲，黄牛终于练成了一双"铁脚"。尾巴一翘，四蹄如风，几天几夜也不知疲乏。

到了玉皇大帝排生肖的日子，依照规则，谁先到就让谁当生肖。黄牛与兔子约定，鸡叫头遍就起来，直奔天宫争生肖。可是等鸡叫头遍，黄牛起床时，兔子早就一个人跑了。兔子跑了好一阵子，回头一看，不见任何动物的影子。兔子心想，我今天起得最早，跑得又最快，就算现在睡上一觉，这生肖的头名也非我莫属。于是，它在草地上呼呼大睡起来。

黄牛虽然落后了，但它凭坚忍的耐力和平时练就的铁脚，一鼓作气，当兔子还在酣睡的时候，便先跑到了天宫。一阵急促的脚步声惊醒了兔子，兔子睁眼一看，原来是老虎一阵风般地跑过去了，这下兔子急了，赶紧追赶，可惜还是慢了一步，始终落在老虎之后。

由于牛的双角间还蹲了一只投机取巧的小老鼠，兔子只排到了第四位，前三名是鼠、牛、虎。兔子虽然当上了生肖，但觉得脸上无光，竟然输给了自己讽刺过的老牛。

回来以后，兔子便把家搬到了土洞中。现在的野兔还是住在土洞中。不过，兔子是不会吸取教训的。不信？今天再来一个“牛兔赛跑”或者“龟兔赛跑”，得冠军的肯定仍然不是兔子。

参考文献

[1] 陈寿宏. 中华食材 [M]. 合肥：合肥工业大学出版社，2016：827-887.

[2] 朱洪强，王全凯，殷树鹏. 野猪肉与家猪肉营养成分的比较分析 [J]. 西北农业学报，2007（3）：54-56.

[3] 娄安钢，李钟淑. 长白山野杂猪与东北民猪肉质性状的比较 [J]. 中国兽医学报，2016，36（9）：1593-1596.

[4] 孙金艳. 民猪的营养与饲养 [J]. 黑龙江畜牧兽医，2014（14）：39-40.

[5] 王楚端，陈清明. 长白猪、北京黑猪及东北民猪脂肪酸及氨基酸组成 [J]. 中国畜牧杂志，1996（6）：19-21.

[6] 陈林，李辉，杨华婷，等. 高坡黑猪肉质性状及营养成分研究 [J]. 黑龙江畜牧兽医，2017（15）：129-131.

[7] 刘海珍，黄文颖，郝云晴. 青海八眉猪肉营养品质分析研究 [J]. 青海畜牧兽医杂志，2017，47（5）：7-11.

[8] 席斌，郭天芬，杨晓玲，等. 青海八眉猪与甘肃黑猪肉品质及营养成分比较 [J]. 食品工业科技，2019，40（21）：274-278，285.

[9] 刘庆雨，张琪，李娜，等. 藏香猪胴体性能及肉质品质测定 [J]. 养猪，2019（6）：54-56.

[10] 邱翔，张磊，文勇立，等. 四川牦牛、黄牛主要品种肉的营养成分分析

[J]. 食品科学，2010，31（15）：112-116.

［11］王泳杰，王之盛，胡瑞，等. 不同品种肉牛产肉性能、牛肉营养品质及风味物质的比较[J]. 动物营养学报，2019，31（8）：3621-3631.

［12］万长江. 云南瘤牛的肉用性能的研究[J]. 当代畜牧，2002（5）：28-29.

［13］李玲，唐艳，农皓如，等. 杂交水牛肉与黄牛肉营养特性对比研究[J]. 食品工业，2016，37（3）：95-97.

［14］李素，其美次仁，王守伟，等. 当雄牦牛肉的营养和风味特性[J]. 肉类研究，2020，34（3）：39-44.

［15］杨勤，官久强，柴志欣，等. 低海拔舍饲对牦牛肌肉品质的影响研究[J]. 草业学报，2020，29（5）：33-42.

［16］陈珍，刘涛，顾千辉，等. 奶公犊牛肉营养成分的分析[J]. 肉类研究，2016，30（4）：21-24.

［17］韩康康. 苜蓿草粉对波尔山羊生长性能、屠宰性能及肉品质的影响[D]. 郑州：河南农业大学，2016.

［18］李洋静. 海门山羊肉品质指标特性的研究[D]. 扬州：扬州大学，2010.

［19］邵金良，黎其万，刘宏程，等. 山羊肉中氨基酸含量测定及营养分析[J]. 肉类研究，2008（8）：60-62.

［20］吕永锋，王燕燕，王珂，等. 湖羊与滩羊羔羊肉品质分析[J]. 家畜生态学报，2021，42（11）：49-53.

［21］王伟. 湖羊种质资源的保护及开发利用[D]. 苏州：苏州大学，2007.

［22］若山古丽·肉孜. 吐鲁番黑羊种质特性的初步研究[D]. 乌鲁木齐：新疆农业大学，2013.

［23］王芳，王宏博，席斌，等. 不同品种绵羊肉品质比较与分析[J]. 食品与发酵工业，2021，47（1）：229-235.

［24］德庆卓嘎，洛桑崔成，扎西，等. 西藏阿旺绵羊羊肉品质分析[J]. 畜牧与饲料科学，2018，39（5）：22-26.

［25］殷国梅. 不同类型草地对放牧绵羊产肉性能及品质的影响[D]. 呼和浩特：内蒙古农业大学，2009.

［26］杨丽，傅樱花，张兆肖，等. 骆驼肉的营养价值、食用品质及加工现状[J]. 肉类研究，2018，32（6）：55-60.

[27] 杨丽，杨洁，陈钢粮，等. 麻辣骆驼肉脯制品加工工艺优化 [J]. 肉类研究，2018，32（11）：15-21.

[28] 李秀丽. 阿拉善双峰驼肉的品质特性研究 [D]. 呼和浩特：内蒙古农业大学，2012.

[29] 远辉，丁春瑞，郝明明. 新疆伊犁马肉中氨基酸含量测定及分析 [J]. 食品科技，2012，37（10）：119-121.

[30] 刘莉敏. 蒙古马肉常规营养成分测定及脂肪酸特征分析 [D]. 呼和浩特：内蒙古农业大学，2016.

[31] 王建文. 伊犁马肉品质特性研究 [D]. 乌鲁木齐：新疆农业大学，2014.

[32] 侯文通. 不同年龄肥育驴肉的营养成分分析 [J]. 草食家畜，2016（4）：1-9.

[33] 李景芳，王燕，陆东林. 驴的肉用性能和驴肉的营养价值 [J]. 新疆畜牧业，2018，33（12）：11-16，19.

[34] 陈建兴，洪俊，李静，等. 驴肉的营养价值及其品质影响因素研究进展 [J]. 畜牧与饲料科学，2019，40（7）：60-64.

[35] 李杨梅，贺稚非，任灿，等. 四川白兔的氨基酸组成分析及营养价值评价 [J]. 食品与发酵工业，2017，43（3）：217-223.

[36] 陈岩锋，孙世坤，桑雷，等. 黑白花兔肌肉营养成分分析与评价 [J]. 中国畜牧兽医，2017，44（11）：3214-3219.

[37] 李韬，袁先铃，于跃，等. 不同品种兔肉营养成分与质构比较研究 [J]. 肉类研究，2020，34（5）：6-10.

[38] 李杨梅. 不同日龄四川白兔的肉品质特征及蛋白质功能特性研究 [D]. 重庆：西南大学，2017.